光尘
LUXOPUS

不安的哲学

［日］岸见一郎 著

潘小多 译

人民邮电出版社

北京

图书在版编目（CIP）数据

不安的哲学 ／（日）岸见一郎著 ；潘小多译. -- 北
京 ：人民邮电出版社，2023.9（2023.12重印）
ISBN 978-7-115-62365-2

Ⅰ．①不… Ⅱ．①岸… ②潘… Ⅲ．①焦虑－心理调
节－通俗读物 Ⅳ．①B842.6-49

中国国家版本馆CIP数据核字（2023）第139482号

"FUAN NO TETSUGAKU" by ICHIRO KISHIMI
Copyright © 2021 Ichiro Kishimi
All Rights Reserved.
Original Japanese edition published by SHODENSHA Publishing Co., Ltd.
This Simplified Chinese Language Edition is published by arrangement with
SHODENSHA Publishing Co., Ltd. through East West Culture & Media Co.,
Ltd., Tokyo

◆ 著 ［日］岸见一郎
　 译 潘小多
　 责任编辑 袁 璐
　 责任印制 陈 犇
◆ 人民邮电出版社出版发行 北京市丰台区成寿寺路 11 号
　 邮编 100164 电子邮件 315@ptpress.com.cn
　 网址 https://www.ptpress.com.cn
　 涿州市京南印刷厂印刷
◆ 开本 880×1230 1/32
　 印张 6.375 2023 年 9 月第 1 版
　 字数 99 千字 2023 年 12 月河北第 5 次印刷
　 著作权合同登记号 图字：01-2022-4462 号

定价：59.80 元

译者序

　　我个人一直会有意识地回避哲学，感觉哲学过于深奥，自己悟性不够，担心悟错了方向以致"走火入魔"。因此，当拿到这本书时，我有点儿庆幸它如此深入浅出，同时也有些好奇，这本讲述不安情绪的哲学书，会对哪些人起到抚慰心灵、驱散不安的作用。

　　但是，就在我着手翻译本书之后，自己的生活发生了很多重大的变化。每一个变化都带给我强烈的不安。虽然自己表面平静，应对也还算周全，但是身体非常诚实地将这种不安表现了出来。以前感觉生活虽然平淡，但终归是在有序地推进，就像每个轨道都会通向它的目的地。这一系列重大变化让我真切地意识到什么叫"未来不可预知"，什么是"生活的不确定性"。

《不安的哲学》选择在这个时间节点与我的生活发生交集，是一种很玄妙的缘分。当在书中看到自己一时无法认同和理解的观点时，我会格外耐心地去感受，并尝试说服自己接受。以往翻译书稿时我也会这样做，从而确保译文流畅，逻辑清晰。但在翻译本书时，我感觉更多的是确保自己不放过任何一个缓解不安的抓手。

作者岸见一郎著有《被讨厌的勇气》《幸福的勇气》等畅销书，其主旨是帮助人们在人际关系中获得幸福。这些书能够畅销，足见人们追求幸福的愿望是多么强烈。"幸福的人都是相似的，不幸的人各有各的不幸"，其实每个人都有自己的不安。特别是在近几年，人们看到了太多无常，目睹了太多无序，体会了太多无力，个体的不安被进一步放大，我想这就是作者要将"不安"定为本书主题的原因吧。

作者和我们身处同一个时代，却在文中援引了阿德勒、三木清以及其他古希腊和近现代欧洲哲学家等大量的观点。世界发生了天翻地覆的变化，不同时代的哲人真的能帮助我们解惑释疑吗？不要说两千多年前的苏格拉底了，即便是一百多年前的阿德勒和三木清，他们也没有经历过互联网时代，不知道人际关系可以经过数据化形成社交图谱，更不知道什么是用增强现实技术感受镜像世界。他们的不安，会不会比我们的更简单，更容易解决？

直至翻译完全书，我才知道自己的担忧都是细枝末节。虽然每个人都有各自的不安，但是人生最大的不安不过那么几种——如何面对自身的疾病、衰老和死亡，以及如何与他人交往。不安跨越人类的历史，跨越性别和国界，是我们共同的情绪。

本书先分别剖析了人际关系、工作、疾病、衰老、死亡带来的不安，最后提供了一些消除不安的方法。与一位朋友交流书稿时，她对"疾病的不安"和"死亡的不安"中一些内容充满疑惑：在我们的意识里，一个生病或衰老的人，难道不是理应得到照顾吗？还要说什么"患者做出的贡献"，以此缓解患者心中的不安？我一度也深以为然。

《了不起的盖茨比》第 2 章第一句话曾让我感觉到有些高高在上，直到中年再读，才知道那是一句箴言：

在我年纪更轻、见识更浅时，父亲曾给我一个忠告，它至今仍在我脑海萦绕。"每当你要批评别人时，"他告诉我，"要记住，世上不是每个人都有你这么好的条件。"

因此，虽然不安是人类共有的情绪，但是不安的起因可以千差万别。如果你拿起《不安的哲学》，却不能对每一个观点都感同身受，那么，恭喜你，说明你还没有经历同样的不安。作为译者，我无法揣测作者的全部意图，但是我由衷地希望，这本书可以成为没有退路的人的一个退路、一个安慰、一个支点。

既然我们迟早会面临不安，就让我们先了解不安。如果运气够好，我们或许可以消除已有的不安，并平静地等候下一次不安的到来。

致不安情绪中的你

不安なあなたに読んでほしい

看不到未来又怎样

人生无常，如果能够知道下一秒会发生的事情，那么人或许就不会感到紧张不安。但是没有人知道明天会发生什么。我们只知道明天总会到来，并且在它到来的那一刻，你和我也许已经不在这个世界了。

即使我们能幸运地活下来，但是一旦遭遇突发灾难或事故，那么这个不幸的节点，就会成为在前一天还完全无法想象的未来。如同福岛核电站发生核泄漏事故时，很多人在猝不及防的灾难中侥幸逃生。而时至今日，还有很多人背井离乡、漂泊在外。

即便我们没有遭遇自然灾害或核泄漏事故，当遇到自己或亲人罹患重病时，是否也会瞬间产生人生看不到未来的感觉。**有些人仅凭想象就以为自己能预见未来，但其实只是因为他们没有经历过不幸的事。**

尽管如此，**难道我们不正是因为人生不可预见，才更想活好每一天吗？**我们工作，我们学习，相信只要付出就会有所收获。如果不论努力与否，结果都一样，那么我们可能就会失去奋斗的动力。同样的道理，如果我们完全能够预知未来会发生什么，这样的人生几乎就失去了"活一遭"的价值。

有些人即使不能准确地预测未来，但一想到一眼望得到头的人生，也会感到绝望。这种人的人生，大抵一路顺风顺水，从来没有尝过挫败的滋味。实际上，没有人能够保证将来能和当下一样事事顺心。

当然，有一点非常确定，那就是任何人都难免一死，而且恐怕没有人会因为这个确定的结局而感到安心。因为我们知道的只是死亡终将到来，至于死亡到底是什么样子，会在何时、以什么样的形式到来，却不得而知，所以不安在所难免。

一成不变就能预见未来吗

因未来不确定而感到恐惧的人，通常也害怕变化。 对他们而言，只要保持不变，就能拥有确定的未来，就不会感到不安。在他们预想的未来里，只要发生些许变化，他们就会再次感到不安。

个体心理学的先驱、奥地利心理学家阿尔弗雷德·阿德勒（Alfred Adler）在《性格心理学》中对此分析如下："还有一些人，当他们打算做某件事的时候，第一反应总是焦虑不安，不管这件事是离开家门、告别同伴、找一份工作还是坠入爱河。"也就是说，这类人在没有任何实际行动的时候，就开始不安了。

我们身边的确有一些人充满自信，他们坚信无论自己做什么都会一帆风顺，因而很少会不安。特别是那些一直能够心想事成的人，更不会感到不安。可惜的是，这样的人少之又少。

事实上，只要走出家门，我们根本无从知晓外面将会发生什么。有人甚至因为害怕外面的世界，而选择待在家里。这类人即便外出，也一定要有人陪伴左右。因为他们相信，即使自己犯迷糊，只要跟着陪自己外出的人，就可以平安抵达目的地。但如果独自外出，就要自己费神查找路线。

即使没有迷路，他们也无法确保路上不会遇到其他突发事件。例如地铁停运，会使他们被迫放弃计划好的交通方式，采用其他交通工具出行。这类人不习惯应对突发事件，所以仅仅因为预想到有可能发生自己无法解决的问题，就索性放弃独自外出。

除了对出行的不安，几乎每个人在面对工作时也会感到不安。记住工作的每一个细节已是不易，更加困难的是，还要处理好职场中的人际关系。没有什么工作是靠一己之力就可以完成的，而工作中我们总会遇到形形色色的人，他们有好的，也有不好的。幸运的是，我们可以把职场上的人际关系定义为"工作关系"，这样的话，看似困难的事情也就变得不再困难，因为我们无须把同事变成朋友。即使不得不和自己讨厌的人一起合作，那也只不过是工作关系，一旦离开公司，就可以把这些人和事抛在脑后。

如果说工作关系可以一"抛"解百忧，那么工作以外的人际关系就没这么容易处理了。面对陌生人，我们会因为担心自己会给对方带来不愉快的感受，而感到不安。面对亲近的人，我们也会因为太亲近，反而更加在意对方的感受，而感到不安。

再来看恋爱关系。阿德勒说，人们在恋爱时会感到不安，而恋爱关系比朋友关系更难维护。相对于其他关系，在恋爱关系中，双方的心理距离更近，相处时间更长。虽然有人说婚姻是修成正果的恋爱，但是坠入爱河并非两人恋爱关系的终点。在漫长的婚姻生活中，人们必须学会面对新的不安。毕竟世界上有那么多的人因为婚后生活不理想，而以大吵一架的方式结束了自己的婚姻。

两个人的关系不可能如开始交往时那样永远保持新鲜感。**如果一个人在恋爱中经历过挫折，那么当他（她）再一次坠入爱河时，难免会因为担心重蹈覆辙而不安。**

再来看亲子关系。因为羁绊最深且持续时间最长，所以亲子关系比任何一种关系都更容易使人陷入困境。父母和子女即使因性格不合而无法和平共处，也很难一拍两散，各奔东西，爱与责任牵绊着彼此。特别是当父母日渐衰老，我们会在床前尽孝直至生离死别的那天，一想到要面对这样的事，难免又心生不安。

生、老、病、死，都会让人不安。很多人在努力延缓衰老，关注自身健康，使自己尽量远离病痛。但是，没有人能逃过岁月的洗礼，也没有人能百病不侵，更没有人能够长生不老。

当新冠肺炎疫情席卷全球时，每个人的生活都因此蒙上了阴影。人们不得已改变了原有的节奏，生活充满不确定性，到处弥漫着不安的情绪。这份不安也源于不能预见未来的人生。

当一切不在掌控之中

当一切不在掌控之中时，我们就会感到不安。人面对死亡的不安也源于此，谁都不知道会在何时、以何种方式面对死亡，这些都不由我们做主。

有些人觉得自己驾车要比坐飞机安全，实际情况却是车祸造成的死伤人数远比空难多，但是因为自己驾车让人感到一切尽在掌控之中，所以人们反而感到更安全。

更有甚者，明明惧怕死亡，但也会在得知自己罹患重病时选择自杀。他们之所以这样做，是因为想把选择权握在自己手里。死亡实在是太让人恐惧了，以致在死亡面前，一些人的举动往往令人难以理解。

此外，有些疾病会带来持续的、剧烈的疼痛。**疼痛本身就是让人难以忍受的事情，但更让我们感到恐惧的是无法控制疼痛**。还有一些人一直对自己的身体几乎不关注。虽然他们不一定身患严重的疾病，不会产生悲观的情绪，但当身体出现轻微不适时，他们也会意识到自己与身体之间出现了无法协调的问题。年轻健康时，无论工作多么疲劳，只要休息一晚第二天就能恢复活力；可上了年纪之后，稍微劳累一些就感到无法恢复。

我们无法控制自己，更不能控制他人。**每个人在意识到"没有人生来就必须满足他人期待"这件事之前，都坚信自己可以影响甚至控制某个人**。最典型的例子，就是父母总是希望孩子能按照他们的规划成长。有些孩子，因为父母的控制欲太强而无力反抗，会选择顺从父母安排的人生；有些孩子会不断质疑，认为自己的人生应该由自己做主，从而选择反抗父母的意志。

当一个人知道自己无法满足他人的期待时，他就会

意识到，自己也无法控制他人。 对于那些一直为满足他人的期待而努力的人，也更容易倾向以同样的方式去控制他人。因为他们相信自己和他人的想法一致。

一个人是否能够完全了解他人？答案应该是否定的。所以退一步说，**与人交往的正确方式其实应该是"以无法完全理解对方为前提的"。** 再回到亲子关系的问题，部分父母之所以认为自己是最了解子女的人，恐怕是因为想要控制子女。所以，当父母意识到自己无法控制子女时，他们就会感到不安。

即使未来不可知

未来不可预知，世界变化太快，事情该来就会来，根本不受个体的意愿左右。当然，这并不是说，未来会发生什么早已注定，只是我们无法预先知道；而是说，**大多数事情其实不受我们的意志掌控，并且即便无法控制，我们也不能彻底地放任、无所作为，而是要努力做好自己应该做的事情。**

当然，我们会暗暗祈祷，事情能如我们所愿。但是，即使我们心里有最乐观的预期，恐怕也无法驱散不安的阴云。这就如同即使在危险面前闭上双眼，危险也并不会因为我们看不到就不存在。

人生不就是这样吗？**我们都是在看不到未来的情况下，在无法预知接下来会发生什么的情况下，一步一步地走完自己的人生。**有趣的是，在现实生活中并不是每个人都会因为未来不可知而感到不安，有的人甚至因为未来不可知而感到兴奋，并且充满期待。

给内心不安的你

哲学家阿兰·德波顿（Alain de Botton）曾经在《新世界》中就"何谓不安"给出以下答案："所谓不安，是指当人们面对未知的事物或不可掌控的事物时，拼命想要做出反应、努力掌控的情绪。然而，一切尝试控制现实的企图，都逃不过失败的命运。"

我们无法掌控未知、不可控之事，这是理所当然的。不过事情不是到此就结束了。例如死亡是未知的，但即使我们接受"死亡是不可控的"这件事，也无法消解对死亡的不安情绪。德波顿在《新世界》一书中说过："我们必须意识到，控制不安的情绪是不可能的事情。"对于这一点，我持有不同的意见。

还是在《新世界》中，德波顿指出，古希腊、古罗马时期斯多葛学派的哲学家们认为，想要恬淡、平静地生活下去，只需要相信生活不会永远一帆风顺。这看起来好像是那么回事，但哲学家们的这个想法过于乐观，我难以认同。

对于德波顿的另一个观点，我也不敢苟同。德波顿认为："让内心平和的唯一方法，就是做出最坏的预想。这样，发生的任何事情都不会令你沮丧，因为你已经做好了迎接最坏结果的心理准备。"

我虽然并不支持毫无根据的盲目乐观主义，但是一直认为我们其实可以更加积极地面对生活。

本书首先分析了何谓不安，然后引领大家学会如何克服不安的心理，最后带领大家思考怎样在这个充满不确定性的时代找到适合自己的生存之道。

我曾经在《阿德勒生存心理学》一书中写下这句话："夜半惊醒时，听到自己怦怦的心跳声，可能每个人都会意识到，自己就在上一秒无限接近了死亡。"有意思的是，在本书的校稿上，我看到编辑批注了一行小字："我就没有（过这样的经历）。"这让我多少有些惊诧，没想到世界上还有不会陷入不安的人。

对我而言，身体的原因自不必说，想到此时此刻世界上发生的各种事情，我就会不安，也会在夜晚惊醒。我想把这本书送给所有在不安中辗转难眠的人，哪怕只能带去些许的慰藉，也会让我心生欢喜。

第一章
何谓不安

第二章
人际关系的不安

第三章
对工作的不安

第四章
对疾病的不安

第五章
对衰老的不安

第六章
对死亡的不安

第七章
如何摆脱不安

何谓不安

不　安　の　正　体

不安的对象是"无"

丹麦哲学家索伦·克尔凯郭尔（Soren Kierkegaard）曾经在《颤栗与不安》中指出，"不安"的对象是"无"。用我们的日常表达，就相当于"没有来由地觉得不安"。我们感到不安，通常并不是因为具体的事情，而是纯粹于"无"中生不安。

相比之下，恐惧通常与特定事物有关。当一只体型巨大的猛犬接近你时，当大地剧烈晃动时，你产生的情绪就是恐惧，而不是不安。所以，当大地停止晃动时，你的恐惧感也会渐渐消失。但是如果你担心的是什么时候会发生地震，你产生的情绪就不是恐惧，而是不安了。这不是某一天发生地震所引发的恐惧，而是不知道哪一天会发生地震所引发的不安。如果你之前经历大地震，产生过非常强烈的恐惧，那么相应产生的不安也会更加强烈。

如果一定要说出恐惧和不安这两种情绪哪个更麻烦，我想应该是根本不存在具象关注目标的不安。不安本来是没有必要存在的情绪，却总是在我们心间挥之不去。

那么，如何面对自己的不安呢？让我们一步一步找到答案。

产生不安的目的

阿德勒思考的重点并非产生不安的原因，而是其目的。阿德勒将我们在生活中必须面对的诸如工作、人际交往等问题定义为"人生课题"，并认为，**所谓不安，就是人们为了逃避此类人生课题而被激发出来的情绪。**换言之，人们产生不安情绪的目的是逃避"人生课题"。

我们已经知道，不安并不是因为遭遇了某件事情或有过某种经历等具体事件所引发的情绪，因此很难找到明确的因果关系和对应的解决方法。所以，如果不安的情绪过于强烈，就会对我们的生活造成困扰，进而产生逃避的想法。

阿德勒在《性格心理学》中指出："一个人，只要产生了从人生困境中挣脱出来的想法，这种想法就会因为不安的加持而不断强化，最终成为一个切实的想法。"

每个人在人生的旅途中都会面临人生课题。无论学习还是工作，我们都在寻求一个结果。只要有结果，势必就要接受评判。有人害怕结果无法如自己所愿，也有人担心结果会辜负他人的期望，因此选择逃避人生课题。因为只**要逃避，就不会有结果，也就不用接受评判。尽管接受评判的并不是这个人，而是这个结果。**

这样的话，事情从一开始就注定不会产生好结果。一**次逃避会带来更多次逃避。人在每次遇到课题感到不安时，都会把不安当作逃避的借口。**

事实上，与人打交道就是一个难度系数很高的人生课题。阿德勒认为"所有的烦恼皆是人际关系带来的烦恼"，几乎所有的心理问题都和人际关系相关。

因为只要与人相处，就难免产生摩擦。有人的地方，就会有背叛、仇恨、伤害。即使自己不被伤害，也有可能因为有口无心，而引发他人的暴怒。这就很好地解释了为什么有的人从一开始宁可选择逃避，也不愿意与他人发生纠葛或卷入矛盾。

当然，人在主动逃避人际关系时，总会找一个他人和自己都能接受的理由。例如，当孩子不想上学时，他可以选择在家休息。但是如果没有一个合理的理由，父母和老师势必不会同意。他们一定会问为什么不去上学，所以很多孩子会觉得毫无理由地请假是一件错误的事情。为了摆脱这种罪恶感，孩子会告诉父母自己肚子疼或头疼。其实，父母也怀疑孩子在假装生病，但即便心里怀疑，也不会拆穿他们。

孩子们心知肚明，只要表现出肚子疼或头疼，没有哪个父母能狠心说出"肚子疼/头疼不至于不能上学"之类的话。所以他们总是在父母询问理由之前，就先主动说明："我今天头太疼了，没法上课。"同时，这句话也是孩子说给自己听的，"我其实是想上学的，但是疼成这个样子，就算想去也去不了啊。"他们只要这么想，哪怕身体有些疼痛，至少心里是放松的。

　　父母虽然拿不准孩子说的是真是假，但是多半会向老师请假。老师自然会询问原因，如果没有合理的理由，父母也会感到为难。这时说孩子肚子疼或头疼，老师也会欣然接受。有趣的是，一旦老师准假，孩子的不适感就会减轻，甚至消失。

　　在阿德勒看来，将"因为A（或因为不是A）所以做不到B"这一公式大量运用在日常生活中的行为可被视为"自卑感的表现"。此处的A，可以被看作一个理由。只要有这个理由，无论对他人而言还是对自己而言，这就是无法改变的事实。

　　这里的A也可以代入不安，因为不安是人想要逃避时拿来做掩护的理由。不过，单纯说不安，可能没有头疼或肚子疼那么容易被人接受。试想一下，如果孩子说"因为今天我有些不安，所以不能去上学"，哪个家长能接受呢？

　　归根结底，**不安是对未来投射的情感**。阿德勒认为，产生不安的原因，并不是曾经在工作或人际关系中经历"人生困境"，担心会重蹈覆辙。也就是说，在阿德勒看来，负面的经历不会导致不安。

　　将人生课题视为困难，才会产生"从人生困境中挣脱出来"的想法，而一心想要"从人生困境中挣脱出来"的人，必然会心生不安，而这种不安又强化了逃避的决心，这就是一个不断强化的循环。其实，对这些人而言，即使没有不安的情绪，他们也可能选择逃避，不安只是让逃避的行为显得合情合理。

　　诚然，工作和人际关系都是很艰难的人生课题，但是并不是人人都想要逃避，况且也逃不掉。尽管如此，**在人际关系中有过痛苦经历的人，还是会下意识地想要避免再次体验同样的痛苦，而这些人很容易将不安当作挡箭牌。**

把创伤作为逃避的理由

　　有些人会把遭遇严重自然灾害、重大事故或事件的经历当作逃避人生课题的理由。这些遭遇会给心理带来巨大的创伤，引发严重的抑郁、不安、失眠、噩梦、恐惧、无力感和战栗等症状。这种经历会给身心造成极大的伤害，而且如果强行加以纠正，还可能导致更严重的心理问题。

　　阿德勒作为军医参加过第一次世界大战，治疗那些在战场上与敌人厮杀的士兵。关于心灵的创伤，阿德勒是持否定态度的。他在《自卑与超越》中说道："无论成功还是失败，都不应该归因于我们的某段经历。经历本身（尤其是所谓的'创伤经历'）并不会伤害我们，但我们会从中提取符合我们目的的内容，并加以解释。我们为过往经历赋予意义，然后自主决定我们要成为怎样的人。当我们把未来的生活建立在以往的某段经历上时，可能总是会犯一些错误。因为环境并不能决定事情的意义，但我们赋予环境的意义却能够决定我们是怎样的人。"[1]

阿德勒这样说，并非完全否认人的精神会因为战争的伤害出现问题，因为他亲自治疗了很多心理出现问题的士兵。只是他认为即便有过令人精神崩溃的经历，也不应该将所谓的心理创伤作为回避人生课题的理由。他认为，**一个人无论有过多么悲惨的经历，都应该能够重新获得"活下去的勇气"**。

阿德勒之所以坚信这一点，是因为他认为不同的人在

1　[奥] 阿尔弗雷德·阿德勒:《自卑与超越》，刘林波、李露译，湖南文艺出版社 2021 年版。

经历同一件事情时并不会受到同样的影响，也不会对外界的作用力产生相同的反应。从这个角度看，人并非反应者（reactor），而是行事者（actor）。

精神科医生莉迪亚·西切尔（Lydia Sicher）认为，即使在行动中出现问题，也不是对刺激做出的应激反应（react）导致的，而是在思考自身在成长过程中的作用，以及在社会中所处的地位之后做出的相应举动（act）。

人们在遭遇灾难或事故时，之所以会产生强烈的不安，并以此为由刻意回避人生课题，其实是我们内心的主动选择。如同一个不想工作的人，总能找到各种理由推脱工作。阿德勒还在《走向社会的勇气：教你如何与世界相处》中举过这样一个例子：有一天，一只经过训练的、会紧挨主人身边散步的小狗，意外被车撞了。幸运的是，小狗没有生命危险，很快养好了伤，又可以继续日常的散步，但是因为小狗对交通事故产生了心理阴影，每次走到事发地点时就止步不前，再也不肯走到同样的地方。

人也会有类似的反应。遭遇重大事故和灾难的人可能会失去工作的意愿，就和阿德勒提到的小狗一样，每次要走到事故或灾难发生地点时，就会感到不安，出现心慌、心悸、头疼等症状，甚至渐渐发展到经过附近都会产生相同反应。

对于逃避人生课题这个点，这里做一些补充。阿德勒并不是说所有的人生课题都不能逃避。他知道其中一定有一些必须逃避的课题。比如战争神经症是一种精神疾病。患者不应该因为逃避上战场战斗这个课题而遭到非难。

不做决定的不安

我们在前文中已提及，阿德勒把"不安"和"恐惧"作为同义词，如果硬要对二者进行区分，可以根据是否有具体对象来区分。

人之所以感到恐惧，是因为有具体的恐惧对象。如今城市里很少见到野狗或放养的猛犬，大家可能对此很难有所体会。实际情况是，当我们遇到一只大型猛犬时，会立刻感到恐惧，大多数人的第一反应通常是逃跑，遭遇地震时也是如此。但是，在这些情况中，并非所有人都会选择逃跑，有些人的反应不是撒腿就跑，而是表现为全身发软，根本迈不动步子。

　　我们先要产生从猛犬旁边逃跑的决心，然后才会在决心的驱使下产生这种被称为恐惧的情绪。没有做出逃跑选择的情况，可以被解释为因过于恐惧而无法逃脱。因为恐惧的情绪和逃跑的行动之间并不存在时差，所以表面上看，恐惧似乎是逃跑的直接原因，实际上要逃跑，首先需要产生决心。

　　和恐惧不同，不安并没有具体的对象。不仅如此，我们有时还会被莫名的不安驱使。感到不安的人和感到恐惧的人不同，他们不会立刻采取行动，而是按照阿德勒在《性格心理学》中的说法，选择"放弃的态度"。这样的人"并不一定要身体颤抖，然后仓皇逃跑。他们只需要将脚步放慢一些，寻找各种借口和托词就行了。"

　　人们在做决定时，会担心这个决定在现在或将来引发这样或那样的问题，因而感到不安。当一个人觉得现在的工作不适合自己，或者与同事相处不愉快时，他就会觉得上班很痛苦，进而产生换工作的念头。但是没有人能保证下一份工作的条件会比现在好，可能在新公司的人际关系也好不到哪里去。一想到这些，他就会推迟换工作的决定。

　　常常有人向我咨询，问我将来该怎么办。听完我的建议，多数人会说："我明白了。但是……"以上文列举的例子来说，说"但是"的人其实并不是纠结于是否应该另谋高就，而是从一开始就已经决定不换工作了。这些人需要将自己的决定正当化，或强化自己做这个决定的理由，那个理由就是他们的不安。

　　因为不知道会发生什么，所以不安。但是，并不是因为不安所以无法做出决定，而是为了不做出决定，所以不安。如果没有不安这个挡箭牌，就必须做出决定。想要延后做出决定的时间，最好的办法就是对未来感到不安。所以，不安其实是人们为了避免做出决定而酝酿出来的情绪。

　　对那些犹豫要不要换工作的人而言，这便是当前不得不面对的人生课题。当一个人在这个课题前渐渐放慢脚步甚至止步不前时，他心中产生不安的目的就是让自己不必做决定，至少不必立即做出决定。

　　那么，如何消除这类为了推迟做出决定或者逃避做决定而产生的不安呢？答案是**只要主动做出决定，这些不安的情绪就会随之烟消云散。**

逃避人生课题的不安

关于想要逃避人生课题的人为何会思考过去和死亡，阿德勒给出了下面的答案："有趣的是，我们发现有些人总是在回想过去或思考死亡。回想过去是一种深受喜爱的压抑自我的方式，因为它不太引人注意。"

虽然不安是一种和未来相关的情绪，但是在这里，阿德勒把考量的焦点放在了"过去"上。当我们知道自己到底做过什么事情时，有可能为此感到后悔，而如果不确定自己到底做了什么，我们比较容易不安。

不仅如此，当想到有可能再次经历同样的事情时，我们也会不安。**所谓的过去，未必是让人产生心理阴影的重大事件。即便是曾经的小挫折，也可能触发不安，使我们担心重蹈覆辙，因而在新的事物面前踌躇不前。**

还有一种经历，就是尽管是过去做的事情，却因为后知后觉，直到今天才意识到，总担心那件事情会给自己现在的生活留下阴影，不免心生不安。

在阿德勒的分析中，还有一类人与上述情况完全不同。他们过去经历非但谈不上糟糕，甚至是相当愉悦的，比如家中的第一个孩子。对此，阿德勒在《自卑与超越》中给出了自己的见解："家中最大的孩子总是比较怀旧。他们总喜欢回顾过去、谈论过去。"不过，这里的过去，是指弟弟妹妹出生前的日子。因为在那段时间里，作为家中唯一的孩子，老大都是集父母的万千宠爱于一身。

然而，家中最大的孩子也容易对未来持悲观态度，这与他们对过去的留恋形成了鲜明的对比。阿德勒认为，家中最大的孩子是过去的眷恋者，而面对未来时则成了一位悲观主义者。因为所有家中最大的孩子，都会因为第二个孩子的出生而被迫离开自己的"王座"。父母的爱、关心和呵护曾经只属于家中最大的孩子，一旦有了弟弟妹妹就会被分走，过去的光环也会被夺走。因此成年后，他们在心底担心会经历同样的事情，而容易变得不安。比如，得到了某种地位后，他们会担心自己的位置被他人取代，总是怀疑别人要将自己赶下"宝座"。

当然，并非所有家中最大的孩子都迷恋过去、担心未来。如果一个人在童年出现过类似情绪，长大后一旦身边的环境发生变化，他还是会因为担心出现竞争对手而时刻处在不安之中。

这样的人在遇到心上人时，也很难表现得非常积极主动。童年的经历，使他们总担心他人会危及自己在恋爱中的地位，所以会比较被动地停在原地。然后，为了证明自己的担忧是正确的，他们会想尽办法证明对方对自己的爱已经远不如当初。遗憾的是，他们总能轻易地找出想要的证据。于是，尽管对方的爱丝毫没有改变，他们也会说服自己，提出分手。分手后，他们又多了一个自怨自艾的理由——"看，我就是这样悲惨，总是得不到他人自始至终的爱"。

除了过去，我们再来看看死亡和疾病。阿德勒在《性格心理学》中说过："**对死亡或疾病的恐惧，则是那些寻找借口逃避一切责任和义务的人的特征。**"虽然不工作就无法生活，但仍然有人希望能够永远远离职场，其中不乏认为工作太过辛苦的人，以及担心人际关系或害怕面对结果的人。这些人为了逃避被人评价，宁愿不工作；迫不得已工作时，他们也容易消极怠工。这样，他们就可以找到一句安慰自己的台词："我要是多下点功夫肯定能好很多。"当然，这样的假设谁都可以说。

在这里，阿德勒用死亡和疾病举例说明。诚然，死亡和疾病会让人心生不安，而不安会让人不想投入工作，不过，引发不安的绝不仅仅是这两样。就像我们刚刚说过的，不安没有对象，不安不是无法工作的原因，而是为了达到"不工作"这个目的而找出的理由。

有人会想，生活这么痛苦，不如死了算了，还有人厌恶浑浑噩噩的人生。这些人通常认为达成目的很艰难，而一旦失败就会伤及自尊和威信，这一点又是他们无法接受的。只要开始做一件事，必然要有结果，如果不能得到自己或他人期待的结果，还不如从一开始就采取逃避的策略。

对这些人而言，他们真正期望的当然不是死亡。他们只不过是想要放弃必须面对的人生课题。阿德勒在《生活的科学》中对此分析道："为了规避人生课题而用的借口，都是人生的谎言。"这时，害怕死亡和疾病的目的就是逃避"人生课题"。

除此之外，还有人会担心自己的经历可能影响未来的健康状况。在大阪府池田市发生砍杀小学生的恶性事件后，有位心理医生在接受电视采访时回答道："经历了本次事件的孩子，即便现在看上去很正常，未来也一定会在人生路上遇到问题。"

听过这番话的孩子，在未来人生的某个节点遇到问题时，很自然地就会认为这是小学时遭遇的那场恶性事件造成的影响。但事实是，**过去的经历和现在的问题之间并不存在因果关系**。个体将现在面对的问题，如亲子关系恶化、恋爱关系陷入僵局等，归咎于自己当年的经历，仅仅是因为潜意识里不希望由自己承担责任——如果可以把一切过错都甩给过去的经历，自己也就无须为解决当下的问题而付出努力了。

在有些人的意识里，死亡代表一切皆幻灭。人生那么短，短得不够实现计划。既然这么短，自然可以轻易找出不用直面人生难题的理由。但是，**正因为人生苦短，我们才需要从这一刻开始行动，至于死亡，可以暂时不去想**。

还有人说，我们无法预知未来。这一点我在前文也提到了，如果我们可以预知人生的每一步，那岂不是失去了生存的意义。**那些感慨无法预知未来的人，一旦拥有未卜先知的能力，恐怕就会失去生活的动力**。

控制他人的不安

有时，不安不仅仅是某人内心产生的情绪，还可能会被当作控制他人的工具。或者说，个体在心生不安时，常常需要有一个"观众"——他是为了给他人看而不安的。例如，独自睡觉的孩子会因夜里醒来时发现父母不在身边而哭泣。此时，父母肯定会觉得，是因为自己不在身边，所以孩子没有安全感，真相并非如此。

我之所以这样说，是因为即使父母冲进房间打开灯，孩子也不会停止哭泣。他想把父母留在身边，想用哭闹"控制"父母。这就是孩子表现出不安的目的，父母成为孩子产生不安的观众。

当然，除了孩子，成年人也会这样。我们无法对倾诉不安的人置之不理，特别是无法对那些表现出厌世情绪的人置之不理。

阿德勒对将他人视为"榨取对象"的人有过如下描述：关心他人的人，在看到有人悲伤或承受苦难时，第一时间就会想到自己可以做些什么；而从来不会给予，习惯于将接受帮助视为理所当然的人，会将愿意施以援手的人视为榨取对象，并且充分利用对方在付出中获得的成就感榨取对方。

他在《性格心理学》里讲道：**"这些一直在生活中对他人予取予求的人是有问题的。他们看似一旦失去支持就会不安，实则是想要尝试确立一种控制关系，仅此而已。"**

阿德勒认为擅于倾诉不安、寻求帮助的人和总是想对他人有所付出的人之间，容易形成控制与被控制的关系，其中寻求帮助的一方是控制者。

一个人可以在开始时利用不安将他人拉到自己身边，但是如果永远不肯自己努力，那么曾经给予他帮助的人也会想离开他。每个人在孩童时代都需要父母源源不断的帮助，随着成长，孩子可以凭借自己努力做成的事情越来越多，渐渐地也就不再需要父母的帮助。

当然，孩子在成长的过程中总会遇到挫折，此时父母的应对方法是关键。如果父母越俎代庖，过分参与，那么本该由孩子自己努力完成的事情就变成了父母的义务。对此，阿德勒在《性格心理学》里说道："一个孩子在人生之初就会感觉到这些困难，生存的条件也开始对他产生影响。在努力补偿不安全感的过程中，他总是面临失败的风险，从而形成一种悲观的哲学。因此，他最主要的性格特征就变成了渴望得到周围人的帮助和关心。"

为了不让孩子对自己产生怀疑，而形成悲观的人生观，父母需要给孩子提供必要的帮助。至于父母应该如何提供帮助，子女如何主动避免悲观情绪，我会在后面试着提出解决方案。

形而上的不安

哲学家三木清[1]认为应该将"形而上的不安"与忧郁、低迷、焦虑等日常心理分开讨论。[2]当没有特殊情况发生时，大多数人对于自己的人生都不会产生过多疑问。所以，我从不会怀疑明天是否会如期而至，而是会提前规划未来几十年的人生。

1　三木清：京都学派哲学家，他运用海德格尔的解释学研究帕斯卡尔的《思想录》。1927 年开始研究马克思主义，将马克思主义作为哲学加以理解，在当时日本的思想界引起了很大反响。后来撰写了《哲学人类学》《人生论笔记》《哲学笔记》等著作。——译者注

2　出自《三木清全集》第 11 卷中收录的《有关谢斯托夫式的不安》一文。

虽然听到"人生不过百年"的论点，心头也会略过一丝担忧，但那只不过是因为他们都在心底期待人生真的可以有百年的长度。现实情况却是没有人知道自己的生命能持续多久。

每当我听到一些刚刚庆祝完 50 岁生日的人感慨"人生已过半"时，我都感到些许惊讶，不知道他们的自信是从哪里来，认为自己会活到 100 岁。也许他们一直无病无灾，所以总以为自己能长命百岁，但是谁能保证自己不是早早就跨过了人生的中点呢？

即使这些毫无根据地认为自己可以长命百岁的人，也可能在某一天面对突发的疾病，经历大地的震颤，然后被突如其来的不安包围。就像新冠肺炎疫情，毫无征兆地打乱了我们已经习以为常的生活。这些情况，让人很难自信地说出"人生已过半"这样的总结性发言。

说到这里，我想声明一点：我并不否认有些人可以做到泰山压顶而面不改色，无论发生什么，生活都不会受到影响。不过，我相信这样的人应该也不会拿起《不安的哲学》这本书。

法国哲学家帕斯卡尔在《思想录》中说过："整个宇

宙无须武装自己就能毁灭人类，一团水蒸气、一滴水就足以置人类于死地。"如同让全世界手足无措的新冠肺炎病毒，小到肉眼不可见，谁也不知道它潜伏在哪个角落。但就是这种小小的病毒，却打乱了人类的生活节奏。

这时，我们就会认清一直没有察觉的现实。我们以为生活会一帆风顺，其实未必如此；我们以为自己能长命百岁，其实也许都等不到明天的到来。**当我们认清现实，并且在看不到未来的黑暗中惶恐不安时，我们才知道自己的一切其实都建构在"无"的基础之上。**对于这种"无"，三木清将其称为"黑暗"或"虚无"。

我们的不安未必来自特定的经历（如遭遇自然灾害、疾病和事故等），也可能是由一个人的生存状态导致的。三木清在《帕斯卡尔的人类研究》中将处于自然中的人称为"中项"，并援引了帕斯卡尔在《思想录》中对自然中的人的描述："**与无限比较起来是虚无，与虚无比较起来是全部。人是虚无和无限之间的一个中项。**"

在无限大的宇宙空间里，人类是何等渺小，几乎接近虚无。同时，在可以被视为虚无的微观世界中，人类又可以是庞然大物，接近无限。如果能感受到三木清的这种形而上的不安，说明你接近了人生的真相。反之，如果你还没有感受到这种不安，说明你还没有了解人生的真相。**认清现实是一件可怕的事情，不过我们必须学会以事实为出发点，努力生活下去。**

从现实抽离的"消遣"

认为自己可以预见未来的人，可能从未经历过挫折和打击，但也未必就敢断定自己绝不会陷入困境。人生不是建立在确定性的基础上的，而是建立在"无"的基础上。他们知道这一点，只是不想承认罢了。

与一无所有的人相比，那些在人生路上一帆风顺的成功人士更容易陷入担忧和恐慌，因为拥有的更多，失去的也会更多。如何将不安赶出自己的大脑？如何在陷入不安后，努力让自己尽快摆脱困境？

在这里我想介绍一个帕斯卡尔使用的词语——"消遣"（divertissement），也可译作"娱乐"。"消遣"可以让人将注意力从现实生活中转移开来（divertir）。三木清在《帕斯卡尔的人类研究》中发表了自己的观点："所有消遣活动的共通之处在于，它可以让我们将目光从悲惨的现实中转移开来，然后将目光投射到其他地方，产生新的冲动。"

三木清认为必须消除生活和娱乐的对立关系。他在《人生论笔记》中写道："一个人如果在生活中只能感到痛苦，那么他势必要追求生活以外的娱乐。"

但是，三木清同时指出，"我们要学会享受生活"，如果生活本身能找到乐趣，我们就不必一定追求生活以外的娱乐，不必一定通过娱乐将视线从不安上转移，这样才能享受生活本身。

人有时无法控制自己的情绪。在没有遇到灾难和病痛的时候，我们也会因为未来的不可知而感到不安，而这样的不安会影响我们享受生活。我们一定要找到有效的方法，让自己在面对不安时依然可以享受生活的乐趣。

第二章

人际关系的不安

対 人 関 係 の 不 安

为了逃离人际关系的不安

阿德勒说：**"所有的烦恼皆源于人际关系。"** 只要与人相处就几乎无法避免产生各种各样的摩擦，处理人际关系耗费了我们大量的精力，因此有人想要竭尽所能地逃避与人打交道也不足为奇。更有甚者，一想到人际关系就会心生不安，阿德勒认为这是他们为躲避人际交往而制造出来的不安。

这种不安可以将"逃避人生课题"的行为合理化，让他人和自己都能接受因为不安而无法面对人生课题的事实。他们会产生这样的想法：为了摆脱不安，只能放弃面对。因此，不安对他们而言就变得必不可少。这和因为不想去上学而说自己肚子疼或头疼的孩子没什么两样。

这些人并不是因为在人际关系中遇到困难，才感到不安，而是为了从根本上避免与人交往，所以制造了不安。因此，变得不安才是他们的目的。为了规避与人交往时产生的问题，他们需要一个理由——不安。**所谓的人际关系的困难，不过是为了逃避与人交往的一个说辞。**

我在前文中提到，大阪府池田市一所小学发生惨案后，一位心理医生在接受电视采访时断言，经历了本次事件的孩子即便现在看上去很正常，在他们的人生路上也必然会出现问题。

其实，即使出现问题，也不应该是"必然"的，更不要说发生问题和经历这次惨案之间没有什么必然的关系。设想有一个小学生，在那次事件中幸运地毫发无损，然后顺利地长大、成家，那么当他（她）的婚姻出现问题时，会不会想起当年有人预言过，自己在人生路上必然会出现问题呢？

曾经经历惨案并不是其婚姻出现问题的原因，真正的原因在于夫妻双方现在的关系。当初的经历和今天的婚姻危机毫无关联。将往日的经历视为今日问题存在的原因，阿德勒将这种行为称为"因果关系的假象"。所谓"假象"，就是说因果关系看似存在，实际上并不存在。

如果一个人困在过去的经历中，总认为是当初的经历导致了今天的关系恶化，他自然就会认为现在无论多么努力也没有意义，继而选择放弃努力，不再想改善关系。一个人之所以会产生这种想法，我在前面也分析过了，主要原因是想将今天的问题归咎于以往的经历。话说回来，两个人现在的关系出现问题，将其归咎于其中一个人过去的经历，这本来就是一件可笑的事。

再回到人际关系的话题上。虽然与人相处不是一件容易的事情，但是没有谁可以独自生活一辈子。所以，逃避人际关系的人会将不安当作逃避的理由。

我在前文中举过遭遇交通事故的小狗的例子，用以说明创伤是如何被当作逃避的理由的。不前往发生事故的地点，只能保证不会在同一地点遭遇事故，但并不能避免在其他地点遭遇事故。只有总结遭遇事故的原因，判断是因为自己不够谨慎，还是因为缺乏经验而遭遇事故，才能知道应该采取什么措施，以避免在其他地方遭遇同样的事故。

和伴侣产生矛盾时，不是不可以追溯以往的经历，但是一味地拿毫无因果关系的事情当借口，并不能解决今天的问题。如果可以**冷静地回顾以往与人交往时出现的问题，反思自己是不是在重复同样的错误，并且愿意思考如何改善现在的关系，那才真正有意义。**

为什么要视他人为敌人

阿德勒在《性格心理学》中提到："对于那些对身边的环境抱有敌意的人，你很容易在他们的态度中窥见不安的特点。"

阿德勒认为人可以被分为两类：一类是视他人与自己之间存在敌对关系（gegen）的人；另一类是视他人与自己之间存在协作关系（mit）的人。对前者而言，他人即敌人（gegenmenschen）；对后者而言，他人即伙伴（mitmenschen）。关于伙伴，我稍后会提及。

我们周围并不都是想要伤害我们、让我们遭受不幸的人。所以，所谓的"敌人"不是真正意义上的敌人，而是被视为敌人的人。为什么要将他人视为敌人？这样做其实有其目的，那就是不和他人产生交集，或者至少不主动产生交集。**这些人并不是因为他人皆为敌人而不去产生交集，而是为了不产生交集，才将他人视为敌人。**

将他人视为敌人的人，即使现在有一段看似良好的关系，他最终也会把这段关系搞砸。以恋爱关系为例，每个人都希望自己的想法能被对方接纳，当向对方告白却不被接受或者本来两情相悦却突然遭遇背叛时，也许就会将他人视为敌人。

这类人在开始一段新的恋爱关系时仍然会感到不安，担心今天的海誓山盟如彩云般易散，担心这一段感情会和上一段感情一样，须臾之间发生不可预知的变化。在这种心理的影响下，他们会说出一些伤及彼此的话，比如执拗地询问对方"除了我，你还有喜欢的人吧"。即便对方回答"没有"，他们内心的不安也很难消除。在一次次的追问中，对方肯定会感到不悦，久而久之，两人就会渐行渐远。

等到分手的那一天，不停追问的人反倒松了一口气："果然如我所料，这个人是我的敌人。"这类人在恋爱关系中每日提心吊胆，害怕恋情会在某一天结束。只有在关系终结时，他们内心的不安才能彻底消除。

还有一种错误的思维方式是将责任转嫁给他人，也就是在心里认定，自己没有责任，错在对方。这就和那只遭遇车祸的小狗一样，潜意识中将原因归结为发生事故的地点。

如果他们不这样想，而是努力地找出自身的原因，自省是否在与人相处时存在问题，并且愿意为改善关系付出努力，那么他们就不需要通过逃避人际交往消除内心的不安了。

我们能做的是不将他人视为敌人。**你一旦认定谁是敌人，就会找出各种证据来佐证自己的想法。**下面我以嫉妒为例进行分析。

嫉妒的人永远处在不安之中

有些人会嫉妒与自己交往的人。他们可能以为自己是因为爱而嫉妒，其实不然。真正的原因是他们将对方视为敌人。

　　三木清认为"嫉妒是最适合魔鬼的属性"。他在《人生论笔记》中讲道："**任何情感，如果以天真烂漫的方式呈现，都会具有某种美。然而嫉妒中没有一丁点儿天真烂漫。**"对于其他情感，三木清都会提到其中积极、正向的地方，但是他对嫉妒只有否定的看法。

　　爱与嫉妒的共通之处，在于它们比任何一种情感都更"讲究策略"，且更"具有持久性"。爱中加入了策略性和持久性，它便不再是纯粹的情感。不持久的情感不会让人痛苦，但持久的爱与嫉妒会给人带来苦楚。当然，保持和谐关系、对爱有正确认识的人，不会在爱中受苦。

　　同时，三木清认为爱与嫉妒的另一个共通之处，在于"可以发挥超乎寻常的想象力"。他在《人生论笔记》中说道："爱与嫉妒的强度，取决于能发挥出多少想象。想象力是一个有魔力的东西，人们甚至会对自己想象出来的事物产生嫉妒。爱与嫉妒的策略，是在想象力的驱动下采取行动时产生的。不仅如此，想象力在嫉妒中起作用，也是因为其中混入了爱的成分。谁也不清楚，嫉妒的深处是否有爱，爱中是否有魔鬼。"

　　爱一个人和嫉妒一个人，都需要发挥"超乎寻常的想象力"。关键在于，是想象对方有多么爱自己，还是想象对方有多么不爱自己。如果是后者，爱就结束了。如果继续想象对方已经移情别恋，他就会产生嫉妒，并且会将自己的嫉妒心理或者对方对自己的嫉妒心理，视为爱的证明。

三木清认为，嫉妒之所以能够驱使想象力，是因为其中"混入了爱的成分"，如果没有爱就不会产生嫉妒。但是，我认为爱与嫉妒是两种完全不同的情感。

只有嫉妒者才会发挥无尽的想象力，想象对方并不爱自己。单纯恋爱的人是不会嫉妒的，即便发挥想象力，也是在想象自己如何被深深地爱着。因为对他们而言，自己如何去爱对方才是最重要的，对方是否爱自己完全不在他们的考虑范围之内。

当一个人开始怀疑对方不爱自己时，就会开始监视对方的行为，并会格外在意对方和自己联系的频率。为什么以前发条信息或发封邮件马上就能收到回复，现在却要等到第二天？这样的猜忌只会对两人的关系产生不好的影响。没有人愿意被每时每刻地监视和检查。三木清在《人生论笔记》中提到："嫉妒不会待在家里，一定会走出去。

这就是人们会产生无法控制的好奇心的原因之一。没有掺杂嫉妒的纯粹的好奇心是多么少见啊。"

三木清认为嫉妒"一定会走出去",并且"总是非常忙碌"。因为它总要找到嫉妒的对象,所以没有片刻消停。一个缺乏自信的人,即使被真心爱着,也会感到不安,担心对方不是真心付出,担心哪一天会出现情敌。因缺乏自信而产生的自卑感,让他们担心无法留住对方,而不安则是他们自己制造出的情绪。

当然,想要留住对方的想法本身也存在问题,因为谁也不是谁的所属物。阿德勒认为,嫉妒产生于想要将他人视作所属物的意识。即使你可以将对方像一个物件一样控制在自己身边,也不能保证占有他的内心。

嫉妒者会不断寻找不被人爱的证据。因此,在他们看来,任何事情都可能成为对方对自己失去爱意的证明。他们不断地发挥想象力,忙于收集此类证据。阿德勒在《性格心理学》中说过:"嫉妒会以各种形式体现,比如不信任、暗自比较、不断担心自己被轻视。"

总之,嫉妒者无法相信他人,总认为自己的爱人另有新欢。刚才提到的"暗自比较",就是拿自己和假想敌对比。所谓"暗自",是指他们会偷偷窥探爱人的行踪,然后,通过比较爱人对待自己和他人的态度,判断谁得到了更多的关注。

嫉妒既可以投向自己所爱的人,也可以投向子虚乌有的情敌,特别是在对方比自己各方面都优秀的时候。

如何才能避免被嫉妒冲昏头脑呢?阿德勒说:"(嫉妒的人)要么贬低爱人,要么为了支配爱人而限制对方的自由。"嫉妒者认为只要控制住这个人,将其置于监视之下,就可以避免其移情别恋。但是事实证明,这样做只会使两人的关系陷入僵局,最终导致关系破裂。

因此,如果想留住对方的心,就不要做出任何约束对方的事情。但是,给予对方自由的同时也意味着增加了被背叛的风险。哲学家森有正[1]在其著作《面向沙漠》里说过:**"爱是追求自由的,但是自由必然会加深爱的危机。"**

如果以某种方式限制对方的行动,对方就会感到不被信任。反之,如果没有被约束,对方就会感到被爱着。这

---

1 森有正:日本哲学家、法国文学研究者。翻译了大量法国哲学家、物理学家帕斯卡尔,奥地利诗人、哲学家里尔克,法国哲学家、作家阿兰的著作。——译者注

就是所谓的"爱是追求自由的"。遗憾的是，当我们给予爱人全面的自由时，很难保证爱人不会对其他人动心。就像《田纳西华尔兹》这首歌讲述的故事一样，女孩和男友跳田纳西华尔兹时遇到了旧日闺密，并把她介绍给了男友，然而在跳舞的过程中，闺密却抢走了女孩的男友。

尽管自由可能增加被背叛的风险，但那仅仅是可能，不是必然，反倒是束缚必然会导致感情破裂。对方是否爱你，主动权在对方，你能做的只是去爱而已，对方有权决定如何回应你的情感。任何想要束缚对方的行为或者直接要求对方忠诚的行为，都不可能留住对方的心。

嫉妒追求的是绝对平均

嫉妒并非只存在于恋爱关系。三木清在《人生论笔记》中写道："嫉妒主要针对比自己地位高的人或者比自己更幸福的人。不过这种差异不能过于悬殊，对方的水平应该在嫉妒者感觉自己也有可能达到的程度。所以嫉妒者和被嫉妒者不能完全异质，必须有某种相同之处。"

如果二者之间的差异过于悬殊，就不会产生嫉妒。和自己存在天壤之别、完全不可企及的对象，并不在被嫉妒的范畴之内。但是，如果一个人感觉自己或许能达到同样的高度，当看到对方因为一定的成就而备受世人瞩目及赞美时，就会产生强烈的嫉妒心，而不是替对方高兴。

"自己有可能获得同样的成功""如果我像他一样努力了，那份成功可能就属于我了"，这些想法终究只是假设。如果被嫉妒者听到了，很可能会回复一句"好啊，那你就努力一下看看呗"。但是，嫉妒者并不会为了提升自我而付出努力。既然是假设，那么怎么想都没有关系。

在《人生论笔记》中三木清也说过："嫉妒者并不想将自己提升到被嫉妒者的高度，相反，在通常情况下，他们想将被嫉妒者拉低到自己的位置上。"

阿德勒将这种现象称为"价值贬低倾向"。在现实中，他们并不会努力成为目标对象那样的人，更不要说试图超越对方，他们希望将对方拉到和自己相同甚至更低的层面。这样，他们就可以相对提升自己的价值。

当出现可能存在的情敌时，嫉妒者最想做的是贬低对方的价值。三木清在《人生论笔记》中解释道："从表面上看，嫉妒是指向比自己地位更高的对象；而在本质上，嫉妒是希望实现平均化。从这一点上看，嫉妒和爱的本质完全不同，因为爱的本质是向往更高层级的对象。"

即便这些人的嫉妒行为看上去是在对标更高层级的对象，也只是看上去而已。他们只是想让高高在上的目标通过被平均的方式降到自己的层级。由此可见，嫉妒并不会产生督促自己向上、向好的动力。

相比之下，正如三木清所言，"爱的本质是向往更高层级的对象"，这种向往会产生能量，所以爱可以成为促进自己提升的动力。这样，我们就得到了区分嫉妒与爱的基本标准。爱促使我们向往更好的对象，因此容不下嫉妒。

进一步，三木清从对象层面区分了爱与嫉妒：嫉妒不是作用于"质"的层面，而是作用于"量"的层面。具有特质的事物、个性鲜明的事物，都不能成为嫉妒的对象。嫉妒既不具备将他人视为有个性的个体的能力，也不具备将自我看作独特个体的认知水平。人只会对具有普遍性的事物心生嫉妒。与此相反，爱的对象不是群体共性，而是具有特质的、个性鲜明的存在。

总结三木清的观点，他认为嫉妒不是作用于"质"的层面，而是作用于"量"的层面。所谓"质"的层面，就是"幸福"；"量"的层面则是"成功"。

三木清在《人生论笔记》中这样说："嫉妒他人幸福的人，通常将幸福等同于成功。事实上，幸福因人而异，具有人格差异和性质差异；而成功具有普遍性，是可以量化的东西。"

量的层面的成功可以从社会地位和收入等方面衡量，具有普遍性，因此会成为嫉妒的对象。反之，质的层面的幸福则有其特质，具备特殊性和个体差异，不容易被嫉妒。换句话说，**不存在一般意义上的幸福，幸福是属于一个人的特有情感，他人是无法复制的。**

前文提到，当一个人觉得自己付出努力也可能取得与对方一样的成就时，就很容易产生嫉妒。关于这一点，三木清的解释是"嫉妒作用于量的层面"。因为幸福的特殊性，决定了它处于质的层面，不能加以量化进行比较，因此就不能成为嫉妒的对象。

沿着同样的思路，我们会发现其实三木清之前提出的"人们嫉妒的主要是比自己地位高的人，或者比自己更幸福的人"这一观点并不严谨。人们嫉妒的是成功人士看起来"非常幸福的状态",但事实上幸福是属于那个人独有的感觉,他人是无法体会的。

与之相比,爱是建立在能够理解自我和他人独特性的基础上的。爱的对象不是别人,而是"这个人"。嫉妒者总是担心有人会威胁到自己的地位。当情敌出现时,嫉妒者嫉妒的也不是那个人的个性,而是其容貌、年龄等具有普遍性的事物。

嫉妒的对象往往是具有普遍性的事物,三木清对这一点的说明是:"嫉妒是那些不明白众生平等的人,在面对世界时,要求绝对平均的倾向。"

嫉妒者虽然会嫉妒他人的成功,但是他们并没有从特质层面理解那个对象。其实,**所有个体都是平等的,即每一个个体的特质作为特殊存在都是平等的。将质的层面的特质替换到量的层面,试图贬损他人的价值,这样的行为就是"最适合魔鬼的属性"——嫉妒。**

如何避免嫉妒

有的人在确立恋爱关系后,即使对方不断地表达爱意，他（她）依然会心存疑虑，不相信对方的承诺，担心自己并没有得到真爱。这种想法源于缺乏自信。

如果没有自信，就会担心一旦出现比自己更优秀的人，爱人就会移情别恋。我在前文中提到，如果不想和自己爱的人渐行渐远，就一定不要对对方加以任何束缚。束缚对方，也是一种缺乏自信的表现。

如何不去嫉妒情敌或者假想的情敌？如何避免嫉妒比自己优秀的人？三木清给出了如下建议："想要消除嫉妒心，就要保持自信。那么，如何能够产生自信呢？自信产生于自己的创造。嫉妒无法创造任何物质。人类需要通过'创造物质'创造自身，并由此形成个性。越有个性的人越不会产生嫉妒心。"

不同的人创造的物质无法进行比较。只要这样想，就不会认为他人的创造更为优秀，也就不会心生嫉妒。如果认为他人创造得更好，也想试图模仿并创造出同样的物质，那么这种物质归根结底还是他人的创造，并不是自己的成果。更何况创造并不是可以通过模仿得来的。"嫉妒无法创造任何物质。"有人可能担心即便把东西创造出来也得不到赞美，相反，什么也不做反倒不会被评判。于是想要放弃创造，自然也就无法提升自信心了。

但是，如果试着换个角度去理解，结果可能大不相同。人们无法用量化的标准衡量一个人创造的作品是否优秀，因为作品体现的是其特质，因此无法进行比较。如果我们能够这样调整思路，那么即使他人的作品得到了高度评价，也不会令我们心生嫉妒。

这里所说的"创造物质"不仅仅是字面上的意思。三木清在《哲学入门》中指出："人通过形成环境形成自我——这是我们生活的根本形式。我们的所有行为都具有'形成'的意义。所谓的形成就是创造物质，所谓的创造物质就是赋予物质某种形态或改变物质的形态以形成新的形态。"

三木清将"形成"解释为"创造物质"。形成环境就是要对环境施加影响，那么如何理解"对人际关系施加影响可以形成自我"呢？

当一个人希望身边的人做些什么或者不要做些什么时，都会以某种形式告诉对方。婴儿的表达方式是哭泣或者大声喊叫，以此传达自己的需求。如果婴儿不这样做，那么他们就无法生存。

但是，成年人不一定能够恰如其分地解读孩子的表达方式。因此，当孩子牙牙学语后，家长通常会教育他们："别哭，有话好好说。"孩子渐渐学会不再用啼哭的方式，而是通过语言告诉大人想要什么、不想要什么。当然，也不排除一种可能：即使他们好好说话，他们的需求也无法得到满足。

正如三木清在《哲学笔记》中写的那样，"人在对环境施加影响的同时，也受到环境的影响"，人与环境的关系一直是相互的。

不单是孩子，所有人都需要对环境施加影响。心有不满的时候或者看到不平之事的时候，我们不应该沉默不语，而应该发出自己的声音。虽然我们的努力未必会得到相应的回馈，但就是在这样的过程中，我们通过对环境施加影响，进而不断地塑造自己，形成自我。

这个道理也适用于亲子关系。如果孩子永远对父母言听计从，就不可能塑造个性，形成自我。对于这一点，三木清在上述著述中继续写道："**我们必须在对环境施加影响的同时不丧失自我，始终保持独立的、自律的、以自己为核心的关系。**"

　　他人的意见固然有正确的地方，但是我们也不能一遭
到他人的质疑就立即放弃自己的主张。三木清在《哲学笔
记》中这样强调："人一方面要适应环境，另一方面也要适
应自己。一方面自己和环境要融为一体，另一方面自己和
自己也要保持统一。"

　　作为"独立的个体"，一个人要坚持自我，不过分在
意他人的评价；要影响他人，同时也被他人影响。一方面
要在接受他人影响的过程中仍然保持自我；另一方面要在
接受他人影响的过程中形成新的自我。唯有如此，才能产
生"个性"与"自信"。

无法面对面的不安

　　我们刚才提到了阿德勒的观点——所有的烦恼皆来源
于人际关系。在现代社会，我们又面临一个新的问题——
看不到真人，无法做到面对面地交流。三木清在《人生论
笔记》中说过："以前的人生活在一个限定边界的世界中，
生活区域从一头可以望到另一头，使用的工具是某地的某
人制作的，大家对制作工艺和流程都了解几分。一个人获

得的信息和知识是从某地的某人那里得来的，对那个人的话究竟该信几分，大家也都心知肚明。"

三木清在书中所说的"以前的人"到底是哪个时代的，我不得而知，也许他设定的背景是江户时代的农村。不过直到不久前，在一些偏远的小山村，还是可以做到鸡犬之声相闻，大家都相互认识。

大约在40年前，我在朋友家中借住过一周左右。他的家在一个小村落中，据说是平清盛一族遁世而居的地方。那里真的是家家夜不闭户，因为完全没有这个必要。我到达朋友家的当天，全村人都知道了我的来访。

在进入现代社会之前，几乎所有人都会在自己的出生地度过一生，只要不离开自己的村落或街镇，身边就都是熟人，关系非常紧密。在这样的社会中，知识、行动、交通、通信、社交都极其有限，无论事物还是人，名字和外形都能一一对应，而且非常明晰。这一点正是事物和人的个性所在。三木清认为在那时的社会中，每个人都有清晰的轮廓，"每个人都有自己的性格"。

但是，现代人身处的世界已经不同于往昔。正如三木清在《人生论笔记》中所言："如今人们的生活条件大不相同。现代人居住的世界不再像以往那样狭小。我并不知道自己使用的工具来自何方，出自何人之手，我也不知道自己获取的信息源于哪里，由谁传播。所有的一切都是无名的，都是无定形的。身处这样的世界，现代人自身也变成了无名的、无定形、无性格的人。"

如今，我们再也不知道工具和知识的出处，不知道工具是谁制作的，知识是谁提供的。单以书为例，我们虽然知道作者是谁，却不知道作者的知识从何处获取，也无法断定书中内容是否正确。

如果我们以世上万物均为无名和无定形为前提，那么人也将趋于无名和无定形，即个性正在消失。"实际上，现代世界不再具有限定性，其实是最具有限定性的结果。如今交通便利，世界上的每个角落都会相互关联，我自己就和不可计数的、无法看见的事物联系在一起。"

三木清那个时代仅仅是交通发达而已，如今还要考虑信息技术。互联网的发展大幅推动了世界各个角落的相互关联。交通和信息两大网络的发展，将人们和自己并不知晓的万千事物连在一起，因为关联性而受到的限制也因此产生。本可以产生个性的关系被最大限度地细分，从而被无穷无尽的关系制约。而在不受限定的表象下，人类渐渐变得无名且无定形。

在这样一个没有界限的社会中，人是孤立存在的，是靠无数关系界定的，是没有性格的。我是，他人亦是。我们并非独自生活，却看不到和我们连接在一起的他人。

对无名者的仇恨

我在上文中提到阿德勒使用的"价值贬低倾向"一词，是指贬低他人的价值和重要性，以此相对提高自己的价值。嫉妒者会贬低自己嫉妒的对象的价值。有些无能的上司为了不让下属看穿自己的无能，会利用职权，用一些与工作无关的事情呵斥下属，这是一种典型的价值贬低倾向的例子。

在霸凌和歧视等行为中，我们也可以看到价值贬低倾向。实施霸凌和歧视他人的人，会通过贬损对方相对提高自己的价值。只要能够提高自己的价值，无论被霸凌或被歧视的对象是谁都无所谓。当然，这对受到霸凌和歧视的一方而言，是一种非常严重的伤害。

　　用我刚才引述的话来说，对霸凌者和歧视者而言，他们所针对的对象是匿名的，或者说是无名的。虽然对象是无名的，但一想到自己也有可能成为被霸凌或被歧视的对象，他们同样会产生不安。

　　近年来，仇恨言论成为社会问题，其中的"仇恨"对应的就是英文的"hate"。关于仇恨，阿德勒在《性格心理学》中给出如下见解："仇恨这种情感可以攻击很多目标，可以针对眼前的课题，也可以针对个体、国民、阶级、异性，甚至人种。"

　　有的仇恨是针对个人的。比如有些人会仇视某个特定的人，并想着复仇。有的仇恨是针对人种的。但是，当仇恨针对人种的时候，它的对象就不再明确了，仇恨会酿成纳粹大屠杀那样的悲剧。在刑事案件中，有一种无差别杀人的犯罪情形，罪犯的仇恨也不是针对某个特定的人。

　　那些仇视他国的人，也许在现实生活中并不认识来自该国家的国民。他们只是将整个国家的老百姓都抽象地视为"某国人"，然后在大脑里胡乱地形成一个扭曲的形象。

　　自己的国家里其实也有自己讨厌的人。每个人心里都有讨厌甚至仇恨的人，但不该因此讨厌或憎恨整个国家的人。这个道理谁都懂，一个人讨厌或仇恨的只可以是某个特定的人，而不是他所在国家的所有人。

想要消除战争、霸凌和歧视，就需要让每一个个体都被看到。

关于愤怒，我在后面还会提到三木清所说的，我们要避免的是仇恨，而不是愤怒。他在《人生论笔记》里的原话如下："如果说什么是我们在任何情况下都必须避免的，那就是仇恨，而不是愤怒。所有的愤怒都是突发的，这一点体现了愤怒的纯粹性或单纯性。但是，仇恨几乎都是习惯性的，只有习惯性的、永存的仇恨才可以被视为仇恨。如果说仇恨的习惯性是其自然性的表现，那么愤怒的突发性就是其精神性的表现。"

愤怒的特点是突发的、纯粹的、精神性的；而仇恨的特点是永久性的、习惯性的、自然性的。因此，我们会突然对面前的人感到愤怒，而对无名的人产生仇恨。对无名者表达仇恨最极端的方式是仇恨言论。这种具备自然性特点的仇恨是一种反智情绪。

谣言与不安

关于谣言，三木清曾在《人生论笔记》中发表了自己的观点："谣言是不安定的且不确定的东西，而且我们对其无计可施。我们只能任由自己在不安定、不确定的事物中生存下去。"

之所以认为谣言不安定、不确定，是因为谣言是偶然的。尽管如此，三木清认为谣言有时甚至可以改变一个人的命运，比如有些人会因为一些无中生有的事情失去工作。当今这个时代和三木清所处的时代大不相同，互联网能够将毫无根据的谣言迅速扩散，人人都有可能变成谣言谈论的对象。对于这点，人们心存不安。

"谣言常常存在于距离我们很遥远的地方，很多时候我们甚至不知道它的存在，但就是这么遥远的东西，突然就和我们产生了密切的关联，而且这些关系都是无法把握的偶然性的集合。因为一些无法看到的偶然性，我们与不知在何处的事物有了千丝万缕的联系。"

所谓谣言，都是背着当事人传播的。如果面对当事人说，就不是谣言了。三木清所说的"因为一些无法看到的偶然性，我们与不知在何处的事物有了千丝万缕的联系"，就是当今网络世界的写照。三木清早就预料到"现代人生活在一个更加没有边界的世界"。

三木清说："谣言不属于任何人，甚至不属于被议论的对象。虽然谣言在社会中传播，但从严格意义上说，它并不是社会性的。它是一个没有实体的东西，谁都可以不信，谁又都可以相信。"

谣言也不存在责任人。"责任"一词的词源是"应答"（responsibility）。倘若有人问到这个发言来自何人，出于什么目的，会有人自报家门站出来说明这个发言是依据何事，目的为何，那么此人就是在为自己的发言负责。但谣言不属于任何人，我们也无法问责。

三木清提到："谣言可以从任何情感中产生，如嫉妒、猜忌、好奇心等。""**所有谣言的根源都是不安，这一点包含着真理。人会因为担心自己被他人传谣而不安，也会因为不安而制造谣言，接受谣言，传播谣言。虽然不安不是一种情感，但它却是助推情感的东西，是超越情感的东西。**"

三木清也提到，人会因为担心自己被他人传谣而不安，也会因为不安而制造、接受并传播谣言。

如果被传谣言的对象是一个自己喜欢的人，那么即使听到有人传他（她）移情别恋的谣言，有自信的人也不会将此事放在心上。如果是一个没有自信且喜欢嫉妒别人的人，那么他可能会感到不安，听之信之。如此一来，谣言就变成了现实。

芥川龙之介的小说《龙》中有这样一个故事。一个因为长着大鼻子而终日被人嘲笑的僧侣，为了出口恶气，在奈良兴福寺附近的猿泽池竖了一块木牌，上书"三月三日有龙由此池升天"。僧侣的初衷是通过恶作剧报复一下同伴和世人，让他们也成为笑柄，但没想到大家都相信了有龙要从池中升天的谣言。这本来是僧侣编造出来的谎言，他也知道不可能有龙出现，但是因为谣言传得太广，连僧侣自己也紧张地跑去盯着池水看。最后，本来晴空万里的天气突然变得阴沉，随后下起了雨，而在雨中，一条龙显现出了身影……

僧侣相信的并非自己编造出来的谎言，而是不知由何人扩散开来的谣言。也许他跑去和众人一起等待龙的出现是因为好奇心的驱使，但驱使这种好奇心的，其实是藏在心底的不安——担心"万一真的有龙升天该如何是好"。

"有龙升天"这样的谣言说到底是无害的，但是有些因为不安而编造的谣言，甚至会危及人的性命。多数谣言是无凭无据的虚报、误报，如果不予以理睬，很快就会消失，但问题是"可以明智、理性、冷静地将谣言止于谣言的智者太少"，因此谣言总会对社会造成影响。

2011 年东日本大地震发生后，一时间谣言四起，颇具煽动性，其中有关外国人在灾区进行违法活动的谣言在网上迅速传播。事后证明这只是一个捏造的谎言，但是为什么人们在当时不能做到对谣言不闻不问、理智对待呢?

其原因就在于之前说过的，所有谣言的根源都是不安。三木清在"时局与学生"专栏中写过:**"不安使人焦躁，焦躁使人冲动。此时，人就很容易任由自己被不合理的事情摆布**。曾经有很多的独裁者，都是先使人民陷入不安与恐惧，以此达到随心所欲地控制民众的目的。"[1]

不安的人会焦躁，并变得冲动。即使是总能保持冷静

1　选自《东京帝国大学新闻》1937 年 9 月 20 日，收录于《三木清全集》第十五卷。

的人，也可能因为不安而做出冲动的事情。三木清认为，独裁者会通过让人民感到不安和恐慌控制他们，使他们听从自己的摆布。由此可见，不安这种情绪可以用于达成某种目的。当人们因地震感到不安时，并不是所有人都会听信煽动性谣言而有所行动。但是迷漫在空中的谣言，的确会促使一些人做出过激的举动。

对于这些因不安而焦躁、任由谣言摆布的人，三木清分析了他们的心理："所有的流言蜚语都是不安的表现。不仅是传播者，制造者也是因为不安才会编造谣言。流言蜚语产生于一定的社会环境，因为有人试图利用谣言达到自己的目的，其性质会变得更加恶劣。换言之，流言蜚语通常不仅产生于单纯的不安，还与制造者及传播者有意识或无意识的利己目的息息相关，因而变得不再纯粹。"[1]

流言蜚语作为不安的表现，会被用于"利己的目的"。我们需要意识到这种目的的存在。就像独裁者有意利用不安是恶意的行为，无意识被操纵的人要对此保持警醒和觉知。

1　选自《流言蜚语》，收录于《三木清全集》第十六卷。

三木清在《人生论笔记》中提出自己的观点："很少有什么批判比谣言更有力。"流言蜚语虽然是一种批判方式，但因为它完全无根无据，所以三木清曾在其他场合表示，谣言本来并不应该被放在批判的范围内考量。在这里，三木清对流言蜚语的某些方面持肯定态度。

他认为，"流言蜚语并不仅仅是非正常的报道，它也可以被理解为以特殊方式展现的舆论。"特别是在报道被限制的情况下，"一些无法报道出来的舆论素材，可以通过潜在的舆论形式表现出来。这些潜在的舆论其实就是流言蜚语。"[1]

所谓"潜在的舆论"，是指无法通过审核并公之于众的信息和意见。在限制言论自由的社会中，相比于大众媒体精心粉饰过的批判，作为潜在舆论存在的流言蜚语可以提出更尖锐的批评。

由于社交媒体上存在许多错误的、不可靠的信息，所以一些有识之士会借助自媒体发声（当然，这些信息其实

1　选自为清水几太郎《流言蜚语》所写的书评，收录于《三木清全集》第十七卷。

都应该经过审核以证真伪），其作为潜在的舆论仍然发挥了一定的作用。

疑心生暗鬼

疑心会让人无中生有，产生恐惧或不安，进而怀疑一切。

哲学家田中美知太郎担心准备发表在《思想》上的文章《理念》无法通过审核，在修改校阅稿时左右为难。田中在论文里主张世上万物皆不应被视为理念，并且必须严格区分现实和理念。他在论文中针对"皇权神授"使用了批判性语言，在修改校阅时犹豫是否应该将这些语句删除。他通读数遍，几经修改，最终下定决心，做好了被安罪名的思想准备，不做删除。

对此，田中美知太郎在《时代与我》中回忆道："现在想来，我那篇艰涩难懂的论文大抵不会在送审时直接被挑出毛病，但是在当时那种压抑的氛围中，不能保证不会被人检举揭发。"

的确如田中所说，如果想判定这篇论文是否有问题，审阅者首先必须具备相当的才学。但是，就像田中在回忆中提到的那样，即便论文在送审时不会被"直接"挑出毛病，也难保不会被"间接"挑出毛病。也就是说，即便论文的内容没有问题，论文的语言表达也可能被人拿出来做文章。

更大的问题是，对于田中的文章，即便当局不干预，也不能保证没有人告发，就像田中所说："在当时那种压抑的氛围中，不能保证不会被人检举揭发。"

哲学家久野收指出："即便论文没有经过任何处理，也不意味着言论自由。那只不过是因为作者在写作时字斟句酌，避免写出容易被加以处理的文字而已。"[1]

在我居住的公寓里发生过噪声扰民的事情。大楼管理委员会往每个居民的报箱里都塞一张情况说明书，提到近来因为清晨和深夜有敲击墙壁的巨大噪声，收到了很多居民的投诉。虽然物业暂时很难确定是谁家发出的噪声，但是根据投诉可以锁定大致区域。他们完全可以就此直接排查，却对全楼居民广而告之，我猜他们一定有自己的意图。

---

1 选自《三木清全集》第十五卷后记。

　　物业很可能是想让所有居民都以为是自己发出的噪声。毕竟，很少有人故意制造噪声扰民。物业此举会让很多居民以为自己在无意中吵到了邻居，因而变得不安。于是，很多人都会格外注意，以免发出太大的声响，这样物业就可以保证整栋公寓的安静了。然而，对于这种故意让居民产生不必要的担心和恐惧的做法，我个人是无法认同的。

　　作者担心作品被审查出问题，研究者担心会被拒绝入会，居民担心噪声会导致邻里关系出现裂痕，这些给人们带来了很多的不安。为了消除这种不安，就必须有所行动，正如田中做好被安上罪名的思想准备，并做出自己的决定。

　　虽然世界上有人会散播毫无根据的谣言，也有人会监视他人的举动，但并不是所有人都如此。**一旦怀疑他人心怀恶意陷害自己，自己就会畏首畏尾，甚至在不知不觉间也变成了一个监视他人的人。所以，要相信世界上不全是心怀恶意的人，才能摆脱由此导致的不安。**

第三章

对工作的不安

仕　事　の　不　安

无法拿结果的不安

首先声明，这里所说的"工作"也包括学习。学习同工作一样，也需要结果和反馈。如果一个人没有自信，就可能因担心即使努力，也拿不到满意的结果而不安。实际上，一个人无论怎样努力，工作或学习结果都未必能达到预期。

当没有取得满意的结果时，除了继续努力也没有其他办法。不过，令人不安的并非只是没有取得满意的结果。评价本来只针对工作和学习本身，但总有人担心如果得到的评价不理想，自己的价值也会因此降低。

有些人甚至因为担心结果不佳、自我价值被否定，干脆选择放弃工作或学习。他们不是因为不安而放弃，而是因为不想工作或学习而制造出了不安。

有些人面对工作和学习时，即使没有取得满意的成果，也会仔细地找出原因，并且在下一次挑战中努力拿到更好的成绩。这样的人是不会感到不安的。

我年轻时在大学教过希腊语，有个学生即使被我点到名字也不肯回答问题，问他原因，他回答道："不想因为回答错误，被老师评价为学习能力不行的人。"听到这样的回答，我大吃一惊。我向他保证，即使他回答错误，我也绝不会质疑他的学习能力。学生听了我的话后，终于不再害怕在课堂上犯错了。

人在顺境中取得成功时，并不容易学到东西，反而在犯错和失败时，能够受益良多。我并不是对犯错和失败持无所谓的态度，而是在我看来，**思考如何避免重蹈覆辙的确可以让我们有所成长。**凡事在开始时也许并不理想，但我们可以在过程中积累经验、逐步改善，最终取得满意的成果。

所以，当学生、子女、下属犯错时，老师、父母、领导不要一味苛责，那样只会使他们失去继续挑战的勇气，使他们在新的课题面前止步不前，或是为了得到理想的结果不择手段。老师、父母、领导应该做的，是和他们一起思考，以帮助他们避免重蹈覆辙。

心志伦理与责任伦理

马克斯·韦伯（Max Weber）对"心志伦理"（或译为"信念伦理"）和"责任伦理"进行了区分。他认为，心志伦理更重视行为的纯粹性，而不考虑行为的结果，之所以不考虑行为的结果，是因为所有结果都需要依赖外部因素。无论一个人成为医生悬壶济世的动机多么纯粹，如果考不上医学院那么一切都是空谈。所谓的责任伦理不仅要求行为人的动机纯粹，还必须对行为的结果负责。

那么，对结果负责，是否意味着只要得到结果就可以了呢？答案当然是否定的。责任伦理重视对结果的责任，而心志伦理更重视对自己良心的责任。重视心志的纯粹性，就是忠实于自己的良心。**如果只关注结果，那么在行为处事中就未必都能考虑到良心。**

以学习为例，有的人会为了考高分作弊。以工作为例，有的人明明知道上司隐瞒真相，或者自己被要求说违心的话，却为了自己的升迁昧着良心遵从，换来一个上司想要的结果。这些都是违背心志伦理的行为。

无论心志伦理，还是责任伦理，只追求其中一方是不够的。韦伯之所以要区分心志伦理和责任伦理，就是为了避免出现顾此失彼的情况——前者强调对自己的人格负责，后者强调对社会负责，二者看似对立，事实上并非如此。我们需要将二相结合，既要考虑行为的纯洁性，又要对结果负责。也就是说，拿到结果和不违背良心需要同时实现。

以学习为例，应试的学生既要发奋读书，又必须对得起自己的良心。如果他的动机非常纯粹，却不能考出一个好成绩，就说明他的学习方法存在问题。

从这两个伦理角度出发思考，我们就会明白斥责毫无意义。还是回到学习的例子上，学习是自己的事，学习的结果只会影响自己，并且只有自己能够承担责任，所以只有学生自发地努力学习才有意义。如果家长干预太多并总是加以斥责，那么孩子就会思考该如何做才不会被父母责备。如此一来，就可能导致发生作弊、弃考等事情。

以弃考为例，学生觉得如果不参加考试，就无须面对结果。然而，如果看不到结果，学生就不清楚自己的知识掌握程度，老师也不知道自己的教学方法是否还有需要改进的地方。只有学生对自己的知识掌握程度有客观认识，老师对自己的教学方法做出适当的优化和调整，学生才有可能最终取得更好的成绩。

不惧失败

要想改变唯结果论，或者避免因为惧怕结果不佳而做出逃避的行为，父母、老师、领导都应该改变自己对待子女、学生、下属的方式，更重视他们努力的纯粹性。即便结果并不理想，也要看到他们已经为此付出了努力，肯定他们没有半途而废，并且要明确让他们注意到自己没有忽视他们的努力与坚持。

此外，父母、老师、领导还应该提供帮助，减少子女、学生和下属对失败的畏惧。我有多年的教学经验，我教授的学生很少有畏惧失败的。这里所说的帮助，是要求父母、老师和领导从心志伦理的角度出发，给予指导。

在这样的指导下，子女、学生和下属即使没有取得理想的成绩，也会明白自己需要继续努力学习和提升，不能因为没有拿到好的结果而放弃学习和工作。一个理想的结果肯定不是唾手可得的，但是只要付出努力，就会取得相应的成绩。

当然，不排除付出十分努力却没有一分收获的情况。这种情况不仅和当事人努力不足有关，而且往往是因为指导方法出了问题。这时，父母、老师和领导就需要从责任伦理的角度思考，是不是自己的指导方式出了问题，才导致结果不够理想。

为了帮助他人取得好成绩，父母、老师和领导只负责加油呐喊是远远不够的，还需要做好教育和引导工作。即便是有实力参加奥运会的选手，也依然离不开教练的指导。如果教练的指导方法存在问题，那么选手的发挥势必会受到影响。

一个指导者要明确意识到自己的指导方式和最终成果息息相关，所以不要一味地责备学生不爱学习、下属拿不到令人满意的成果。这样的责备，其实就是在逃避自己的责任，是对自己缺乏指导能力的逃避和开脱。

　　无论做什么事情，自己不努力、一味地依靠别人，都不会有好的结果。这就是为什么有时候指导者水平很高，被指导者的成绩却没有提高。大家一定要明白一个道理：**面对不理想的结果，怨天尤人没有意义，唯有继续努力才是解决之道。与其担心无法取得满意的成果，不如把胡思乱想的时间用在踏踏实实做事上。**

不参与无谓的竞争

　　通过竞争取得理想的成果，这个做法也值得商榷。很多人认为，竞争既可以提升学生学习的主动性，也可以提高其学习效率。这种观点是否正确呢？

　　我对此持保留意见。例如，在学习中引入竞争，很可能使学习变得无趣。学习原本是为了了解未知的事物，是一件有趣的事情，但是一旦展开竞争，学生就会为了胜出必须掌握在规定时间内解题的技巧，从而丧失深思熟虑的机会。如此这般，学习的乐趣大打折扣。

　　每个人在考试之前多少都会感到紧张。一个人如果只想着如何在与他人的竞争中取得胜利，那么除非他有十足的自信，否则一定会格外不安。这种不安体验和学习本身带来的乐趣相去甚远。

还有人将人生视作一场竞争，即使从名校毕业，又入职顶尖的公司，也不敢有稍许松懈。因为在当今竞争激烈的社会中，一时的胜利不意味着持久的胜利，于是他们时刻担心会出现新的竞争对手，时刻提醒自己不要成为落后于时代的人。这样的人生能谈得上幸福吗？

诚然，要想达到目标就要付出相应的努力，但是一个人如果担忧付出得不到回报，甚至认定自己已经在竞争中败下阵来，就会放弃继续努力。用阿德勒的话说，这些人转战"第二战场"了。他们用这种方式来找补，从而获得优越感。

换句话说，"第二战场"就是"人生中无用的一面"。转战"第二战场"的指导者会有什么表现？工作上能力平庸的领导会隐藏自己的无能，转而对下属吹毛求疵。下属越是情绪低落，他就越有优越感。如果能够压制住不肯服从的下属，他的优越感就会更加明显。

向父母倾诉不安的孩子想通过示弱获得关注，因为他无法通过正面竞争赢过兄弟姐妹，所以就会放弃努力，转战"第二战场"，试图在那里得到安慰。无论是对下属吹毛求疵的领导，还是向父母倾诉不安的孩子，他们都在试图退而求其次，找到可以体验优越感的方式。

如果停止将人生视作和他人竞争的过程，我们就不会再为这些无谓的事情所烦扰。我们被要求拼命地学习，一定要比别人更早地百米冲刺，但是从来没有人教过我们如果跌倒了，怎么跌得有尊严。

在竞争社会中，只有胜者才能享受喝彩，失败的人不配拥有任何关注。于是，很多人都认为无论学习还是工作，没有结果就毫无意义。在竞争失败时，没有人会教你该做些什么。

那么，该如何是好呢？退出竞争就好了。**做任何工作都不需要和他人比较，因为人和人本来就不应该互相比较。**

第四章

对疾病的不安

病　気　の　不　安

当身体变得陌生

有些年轻人从来没有考虑过生病这件事，他们都还处于非常健康的状态。也有些人一有头疼脑热就会坐立不安，不知如何是好。

人生病时需要请假。即使有的人十分不情愿，但是病来如山倒，也不得不休息。在身患某些疾病时，人们需要住院医治，在这种情况下，要想让生活回到正轨就需要花费更多的时间。

事实上，即使很多在生病之前从未考虑过生死的人，生病时也常常会感受到对死亡的恐惧。疾病难免会让人心生不安，但是如果能够对疾病多一些了解，人们内心的不安就会稍微缓解。

一个身体健康的人，平时很少会有意识地觉察自己的身体，即便有疲劳感稍作休息就能恢复。但一旦病倒，人就会被迫觉察自己的身心，每一次呼吸、每一步前行都会让人感到不安。平日里行动自如的人此时却呼吸困难、举步维艰。**疾病加强了身体的存在感，让人不得不去关注它，并体会到自我和肉体的割裂感。**

就如同他人不能听从我们的指挥一样，生病时，我们的身体仿佛变成"另一个人"，我们会觉得自己的身体不受控制。作家城山三郎有一次左胸隐隐作痛，呼吸困难，他仔细描写了自己当时的感受："心脏虽然是我身体的一部分，但平日里我好像不知道它在何处。直到这一刻，它摘下了面具，开始一而再、再而三地报上名来。"

城山三郎在《生活在无所属的时间里》中写下的这句话，精妙地写出了自我和肉体的割裂感。所谓不知道心脏在何处，指的应该是身体健康时的感受。我们都没有意识到心脏一直在勤勤恳恳地跳动，但是当心脏摘下面具报上姓名时，我们就感觉到了疼痛和呼吸艰难。这时，我们再也无法忽视心脏的存在，而心脏也开始不听从大脑的指令，我们必须做些什么来应对"一而再、再而三地报上名来"的心脏。

疾病使得身体不再受我们的控制，就好像身体已经从我们这里独立了出去，有了自己的意识，开始独自行动。

鉴于无法继续忽视身体的感觉，生病的人必须做出判断，决定是否接受手术。如果选择不做手术，就必须做好接受一切后果的心理准备；如果决定做手术，就要面对手术可能带来的风险。这一刻，**生病的我们不得不做出健康时从未想过的抉择**。

然而，身体的不适带给我们的不仅是麻烦，有时也是一种提醒。可以说，**疼痛是身体的语言**。如果身体不能感受疼痛，那么我们就无从知道身体出现了重大问题。**正是因为有了疼痛，我们才能及时发现异常，并进行相应的处置**。

有人会忽视疼痛等异常状况，就相当于没有倾听身体的声音。他们会一厢情愿地给各种异常症状找出所谓的合理解释。这时，身体发出的警告被置之不理。这其实是一种不负责任的行为。因为我在前文中就提到，责任的词源来自"应答"，不应答自然等同于不负责任。

相反，有些人就不同，他们会对身体发出的信号迅速做出回应。这就是有些患有慢性病的人能够长寿的原因。他们非常关注自己的身体健康，稍有不适就会去医院及时接受治疗，而不至于将小病拖延成重疾。

接受生病的事实

遗憾的是，能够做到这一点的人并不多。很多人虽然不会讳疾忌医，但也做不到痛痛快快地就医。

我经历过一次心肌梗死，当时被救护车送到了医院。其实在发病前身体已经有了一些症状，但是我没有像城山先生那样意识到身体不适是由心脏引起的。我的心脏也"一而再、再而三地报上名来"，我却置若罔闻。

医生看过心电图后，立刻认定我患的是心肌梗死。我第一次意识到这个病居然会发生在自己身上，一瞬间以为生命就这样走到了尽头，自己可能熬不过这一关了。奇怪的是，我当时居然会想，医生直截了当地告诉我我得了什么病，这种做法合适吗？

　　按理说，命悬一线时不该想这些，但是不知为何，当急症发生在自己身上时，我居然还能好整以暇地客观看待事情。我当时算不上心情非常平静，但是当医生说我患的是心肌梗死时，我马上就在大脑里对号入座了近期身体的各种不适症状。

　　虽然我一度以为自己可能要就此与这个世界告别，但是因为马上接受了手术，恢复了健康，我几乎没有太多因病烦恼的时间。试想一下，假如我在多日身体不适后及早下决心去医院接受检查，就会在第一时间得知自己身患重病，然后免不了要担心自己到底能否被治愈，如果不治身亡，该如何安顿家人。这样左思右想，说不定自己会被不安的情绪彻底击垮。那种视工作为全部的人，生病之后还会因无法顾及工作而焦虑万分。

　　每个患者从医生那里得知诊断结果后，都需要时间接受事实。即便被诊断出患的不是危及生命的重病，接受自己生病的事实也并非易事。那些从医生口中得知自己患上不治之症的患者，绝大多数会怀疑自己被误诊了。

　　在这里，我想要援引美国精神病学家伊丽莎白·库伯勒·罗斯（Elisabeth Kübler. ROSS）在《下一站，天堂：

生死学大师谈死亡与临终》中提出的五个心理阶段。在得知自己即将死去时，患者首先进入"否认与隔离阶段"，怀疑这是一场误会。有人会说，接受生病的事实和接受死亡是截然不同的事情。但不管得了什么病，尤其是不知道病名的时候，人们大多会感到不安，甚至觉得自己会因这种病死去。

当"否认与隔离阶段"过去后，患者会意识到一切并非误会，随后产生愤怒、冲动、妒忌、暴躁等情绪，质疑"为什么偏偏是我"，并且将愤怒等情绪转嫁到周围人的身上，这就是第二阶段——"愤怒阶段"。接下来，患者为了尽量延迟不可避免的结果发生，开始做各种恢复健康的努力，进入"讨价还价阶段"。因为病情还是不可逆，所以患者进入"抑郁阶段"。最终，患者接受了死亡即将来临的事实，进入"接受阶段"。

但是，接受死亡的过程并不一定完全按照这个顺序完成。西川喜作医生因患前列腺癌，年仅 50 岁就离开了这个世界，他说过，接受未必是一个直线推进的过程，有时就像海浪一样，冲过来又退回去，在接受与不接受之间反反复复。

　　患者如何接受这一事实是由他们自身决定的。我们有时会看到患者在诊室对医生发怒，这其实是患者在用自己的方式接受生病的事实。如果一个医生意识不到患者的怒气并非针对自己，那么他就会身心俱疲。

　　当然，患者接受生病的事实的过程，并不一定按照罗斯给出的所有阶段逐一推进。阿德勒认为，一个人在接受疾病时的反应，取决于其行为方式——对待人生课题时的处理方式。一个人对疾病的处理方式，和他以往对待人生其他课题时的处理方式基本相同。

　　如果是一陷入困境就会暴怒的人，在生病时可能会愤怒地质问："为什么偏偏是我？"但也有人会平静地接受生病的事实，下定决心治好它。

　　不过，**一个人的行为方式既不是天生的，也不是一成不变的**。所谓行为方式，是指在相同境遇下，不同的人完成同样的事情时所采用的不同方式。如果想改变自己的行为方式，并非不可能。事实上，一旦得了需要住院治疗的病，那种经历会成为改变行为方式的契机。

　　罗斯还举过一个少见的例子。那是一位女性，她并没有经历罗斯预想的几个心理阶段，而是直接接受了死亡。

开始时，她只愿意相信心理治疗师的话，认为自己是健康的，否定生病的事实。但是，突然有一天，她握住医护人员的手说："你的手好温暖啊。"说这句话的时候，她脸上露出了微笑，眼神仿佛明白了一切。那名医护人员事后回忆道："就在那个瞬间，我和她都意识到，她已经不再否认生病的事实。"

阿德勒认为愤怒和不安都需要对象，这一点我在前文中也已经做过说明。也就是说，这两种情绪都需要发泄到某人身上。因此，患者发怒并不是针对某个医生，而是在他们接受事实的那一刻，将接待他们的医生视为发泄的对象。

当患者不断在心中呐喊"为什么偏偏是我"时，他们会感到愤怒，而且想在和医生面对面表达愤怒时掌握主动权。不安也是一样，当患者不知道自己身患何病的时候，其内心的不安不断强化，会将这种不安发泄到接诊的医生身上，比如因为感到不安，而拒绝接受医生认为合理的治疗方案，或者对治疗表现出抵触情绪。

这时，如果医生表现得很淡定，患者反而会感到惊讶，因为和平日里自己发泄情绪时周围人的表现相比，医生的反应太反常了。

医生不能被患者的情绪牵着走。医生凭借自己的专业知识对患者进行诊断，并给出合理的治疗方案。这时，如果患者和医生不能达成合作关系，就无法得到理想的治疗效果。患者的愤怒和不安会影响治疗。因此，医生需要劝说患者，和他建立合作关系。为了达到这个目的，医生需要做到以下几点。

首先，医生要对患者坦诚，不要轻易使用"不必担心""一定能治好"这类表达。这些话只会损耗患者对医生的信任。其次，医生要及时告知患者病情。对患者而言，最令他们不安的就是不知道自己的身体发生了什么，也不知道未来会出现什么变化。如果医生可以对患者详细说明目前的状况、可能采取的治疗方案和未来有望取得的治疗效果，就能够减少患者的不安。

此外，有时医生需要直接告诉患者治愈的希望非常渺茫。这就要求医生要相信患者有能力接受事实。患者拒绝治疗或不配合治疗，甚至对医生表现出莫名的暴怒，也并不意味着他们内心真的失去了求生的欲望。

不过，此时医生需要掌握告知的技巧。因为医生掌握的通常是一般情况，在判断具体病例时，要避免将话说得太过绝对。即便患者和家属明知死亡不可避免，他们内心也还是期待着一线生机，期待身体能够康复。

阿德勒讲过一段自己的经历。医生们将一个女孩的父母找来，要告诉他们孩子被确诊为精神分裂症，其中一个医生当着阿德勒的面，告诉满面愁容的父母，他们的女儿再没有恢复的可能。听到这句话，阿德勒对在场的医生说："诸位听好，我们凭什么下这样的结论？未来会发生什么，我们都能知道吗？"

首先，医生要站在患者及其家属的角度思考，即便需要告诉他们身体几乎没有康复的可能，也必须时刻记住自己并非无所不知。如果医生认定患者几乎没有被治愈的希望，他们就很难发自内心地竭尽全力配合治疗。只要患者和家属看到医生并没有放弃，他们就会更加努力地配合医生。即便最终结果依然是死亡，他们也能更容易接受这个事实。

其次，医生要把患者看作伙伴。对医生而言，每位患者都只不过是众多患者中的一员，而对患者而言，医生是唯一的。阿德勒用德语"Mitmenschen"表示"伙伴"的意思。其中的"mit"表示自己和对方不是敌对关系，即所谓的"伙伴关系"。医生要让患者相信，无论在什么情况下，医生都不会与患者为敌，会尽力帮助他们。**当患者知道自己无须逞强，无须掩饰不安，会被很好地接纳时，就会愿意积极配合治疗。**

阿德勒曾在《自卑与超越》一书中记录了自己被患者殴打的经历。这名患者被其他医生告知"无治愈的可能"，他认为阿德勒也一定不会积极治疗，所以在三个月的治疗过程中始终沉默不语。有一天，这名患者突然动手打了阿德勒，而阿德勒没有做任何抵抗。不仅如此，因为这名患者挥拳时打在玻璃上划破了手，阿德勒还亲自为他包扎了伤口。

发怒的患者常有，动手打人的实属罕见。不论是哪种表现，都说明很少有人能够平静地接受没有治愈可能的现实。面对这个外表愤怒、内心不安，而且拒绝接受治疗的患者，阿德勒平静地说："我们要做些什么才能把你治好，你看怎么样？"

这里阿德勒不是说"我要做些什么"，而是问"我们要做些什么"，这个表达引起了我的注意。之所以要这样表达，是因为他清楚地知道，治疗不是医生对患者的单向努力，只有两个人齐心协力才能取得成效。

面对阿德勒的询问，患者回答："这很简单。我其实已经失去了活下去的勇气，但是在和你说话的此刻，我似乎又找到了勇气。"

这名患者已经三个月没有说过话了。虽然他没有表达，但是想必他的内心已经找到了答案。无论身患哪种疾病，去看医生的人可能已经失去了"活下去的勇气"。要想让患者专心治疗，就必须让他们重新找回这份勇气。

康复的过程

前文的内容可以被归纳为以下过程。

第一阶段　我 = 身体

↓

第二阶段　我 ↔ 身体（将身体视为他物）

↓

第三阶段　疾病（身体）对我的支配

　　第一阶段表示的是健康的状态，患者意识不到自己身体的存在。在第二阶段中，患者因为疾病不得不意识到身体的存在。第三阶段表现的是因身体的存在，意识被占据的状态，患者无时无刻不意识到身体的存在。

　　那么，身体的恢复过程是不是就可以被理解为这个进程的反向推进呢？患者最终回到第一阶段的状态，即完全意识不到身体的存在。

　　想必各位读者都能明白事情并没有这么简单。医学上有一个术语叫"缓解"，是指外伤和疾病并未被根治，但是症状基本消失，病情得到控制，不存在明显的问题。以我上次突发心肌梗死为例，虽然心肌梗死并没有被根治，但也算是处于"缓解"状态。冠状动脉堵塞造成的心肌坏死是不可能恢复的。现在做心电图时，我依然可以看到异常的波形，但是这完全不影响我的日常生活。

　　如果疾病不能被根治，就意味着患者无法回到第一阶段。好在没有了生命危险，没有了身体上的痛苦，确实可以让人宽怀不少。不过，我觉得**在经历过重病带来的痛苦后，人很难回到生病前的状态**。

　　有些人不会从失败中吸取教训。我现在还能想起住院时和护士的闲谈。她说有的人觉得抢救过来就万事大吉了，其实真应该从现在开始好好审视自己的生活方式，好好休养。既然说到"审视"，就意味着应当通过生病这件事学到一些东西。

因为生病，一个人开始审视以前没有留心的事情，并有意识地改变以后的生活方式。从这个意义上看，生病也未尝不是一件好事。 当然，只有正在生病和生过病的人才有权利说这话。因为没有人会希望自己生病，生病的人绝对不希望听健康的人发表类似言论。

所谓的康复，就是说自己和身体之间既不是紧张关系，也不是支配与被支配的关系，而是"确立了与身体本来的关系"。

回应身体的求助

我们首先要回应身体发出的信号，不能无视，也不能按照自己的意图把它解释为无害的信号，而要正视身体出现问题的事实，正视生病的事实。荷兰心理学家范·登·伯格在《临床心理学》中指出："健康的人身体更容易受到伤害，他们自己也知道这一点。这就引发了一种反应性（responsibility），不过这种反应性绝不能丧失主动。"

生病并不代表运气不好，对每个人来说生病都是不可避免的。有些身体健康的人知道自己其实也很脆弱，随时有可能生病。任何人都难免会生病，都有可能生病，只有认识到这一点，当疾病来临时，我们才能坦然接受，才会克服治疗带来的痛苦，并积极配合治疗。**不要选择躲避，要正视疾病的存在，对身体发出的求救信号做出回应（respond），这就是反应性。**

虽然我一直在说要回应身体发出的信号，其实准确地说，发出信号的并不是我们的身体。同样，在身体出现异常时，认为其并无大碍的也不是身体；侥幸逃过一劫后，进行痛苦的康复训练时，在心中小声说出"今天差不多就到这里，休息一下也不打紧"的仍然不是身体。事实上，无论哪种情况，都是"我"在判断什么对自己来说是"有益的"，而倾听或忽视身体信号的也是"我"的选择。

有时，对身体异常的觉知，也可以说回应身体发出的信号，还会成为一个人逃避人生课题的理由。有些人身体刚刚恢复健康就要重返工作岗位，而有些人明明可以工作，却会继续以生病为理由请假逃避工作。我这么说并不是推崇前者，只是想将二者进行对比。可以说，**只有从疾病（身体）对"我"的支配变成"我"对疾病（身体）的支配，才是真正的康复。**

疾病带来的病痛势必会影响解决人生课题的过程。但**在无法消除病痛的事实面前，唯有接纳生病的自己，才是我们与身体和疾病相处的正确方式。**

搁浅在没有时间的岸边

无论是否生病，在这个世界上我们都要接受现实。

范・登・伯格在《临床心理学》一书中说过："**万事万物伴随时间发生变化，唯有患者搁浅在没有时间的岸边。**"

生病后，我们会觉得未来变得模糊，在此之前，我们以为这个未来是理所当然的。健康时，未来并非"尚未到来"，而是压根儿没有，只是自己以为能看得到未来而已。但突然之间，我们被迫放下工作，甚至被迫面对死亡的威胁。我们不知道是否还能看到明天的太阳，也无法将明天

简单视为今天的延续。只有在生病后，我们才有机会重新
审视过往的人生，同时思考未来的人生。这可以算是生病
带来的一点福利吧。

范·登·伯格还说过："是谁对人生的误解最多？难
道不是健康的人吗？"

不仅是对患者，对所有人而言，其实都不存在一个
所谓确定的未来，只不过患者因为"搁浅在没有时间的岸
边"，所以比健康的人更明白这个道理。患者会活在明天
有可能是人生末日的不安中，但还是要努力活好接下来的
每一天。搁浅在没有时间的岸边，患者到底应该如何继续
自己的人生呢？

不要把人生看作一条直线

古希腊哲学家亚里士多德曾在《形而上学》一书中
就运动和实践进行过如下比较：普通运动（kinesic）有起
点和终点，需要快速、高效地完成。例如，当我们上学或
上班时，最需要保证的就是准时赶到学校和单位。到达目
的地之前的运动意味着尚未到达，因此是未完成的，不完

整的。重要的不是"正在进行"，而是在多长时间内完成了多少量。与之相反，实践（energia）强调的是"正在进行"，实践中的运动与起点和终点无关，与时间长短也无关。以跳舞为例，舞蹈本身就有它的意义，人们在意的是跳舞这项运动的过程，而不是结果，没有人会想通过舞蹈到达某个目的地。

那么，活着，究竟是运动还是实践呢？

你现在身处人生的哪个阶段？很多人会把人生当作一根数轴，年轻人会认为自己位于数轴的左边，而上了岁数的人会觉得自己已经到了数轴的右边。这样思考的前提，是我们认为这根直线以诞生为起点，以死亡为终点。然而，我们怎么能够断定自己距离人生的中点还有很长距离，或者说我们是否已经过了中点呢？如果想准确地回答出自己处在人生的哪一个阶段，我们首先要确定自己还有多长的寿命。**有时，我们可能早就通过了人生的中点，只是还不自知，这是事后才能知道的。**

人生是否可以像这样以诞生为起点，以死亡为终点，以线轴的形式表现出来呢？对一个身患重病的人而言，活到明天都可能是奢望，曾经以长寿为前提设想的未来化为幻影，心中只会充满绝望。但是，如果我们把人生看作跳舞，没有所谓的目的地，需要做的只是活在当下，那么我们是否也能活出不一样的人生呢？

将人生视为实践并非易事。我在接受手术的前夜，与主刀大夫进行了一次长谈。当时，我顺口说了一句："如果我现在 70 岁，可能就不会做这个手术了。"没想到，主刀大夫以极其强硬的口吻反问我："为什么？"我之所以说出上面的话，是因为之前主刀大夫说了也可以选择不做手术。明明第二天就要上手术台，我还是忍不住要去问是不是还有不做手术的选择。医生接着反问道："这不是你自己的身体吗？"我们进行这番对话时，所有的术前准备都已经完成，我的本意其实是想知道从现实情况看是否可以不做手术，或者从医学角度看有没有可能不做手术。出乎意料的是，医生给我上了一课，告诉我一个人的身体只需要由自己负责，而且一个人也必须对自己的身体负责。

51 岁时，我接受了心脏手术。我的想法是 50 岁的我还有必要做手术，如果已经 70 岁了，我恐怕就没必要挨这一刀了。向医生提出那个问题时，我肯定也是将人生想象成了直线，也就是一种运动。因为我已经认定一个 70

岁的人活不了太久，完全可以放弃手术，勉强度完余生。

但是，如果换一个角度思考，不将人生看作有起点和终点的直线，而将其视为实践，并且从强调当下生活质量的角度考量，那么即便是 80 岁高龄的老人，也完全可以做出接受手术的决定。不做手术并不意味着活不下去，而进行手术意味着能将之后的人生高质量地过完——这和人生的长短并无关系。

过好每一天

如果将人生视为实践，即便人生突然结束，也不会有"心愿未了"的遗憾。**我们不能预知明天会发生什么，所以我们可以将需要实现的目标设定在今天。**

一个人的康复并不意味着身体完全恢复到生病之前的状态，而是意味着他可以对人生有一些新的思考，将人生视为一种实践。这样，他就不需要心心念念何时才能恢复到以往的健康水平。通过医生的治疗，他的身体会渐有起色，但是恢复健康之前的这段时间，也绝对不是毫无意义的。

经常有人说，生病后才能知道健康的宝贵。确实如此，这里有一个很重要的问题，那就是我们不能将健康视为理所当然的东西。因为每个人都会面临疾病，而在治疗疾病的过程中，我们才能真正体会到健康的珍贵。当我们从疾病中康复时，我们应该持续感激、珍惜健康，并活在当下。

我在住院期间时常夜不能寐。病房的夜晚来得特别早，晚上九点就要全部熄灯。我每天都会开着自己的小灯读书，常常熬到半夜都难以入睡。为防不时之需，我请医生开了一点安眠药，但是又担心吃了药可能再也醒不来，前思后想，安眠药就一直放在床头柜上，吃也不是，不吃也不是。

后来我终于想明白了，**活着不只是要延长生命，也要过好当下的每一天**。当幸福与满足的感觉压过心中的不安时，我终于能够踏踏实实地睡着了，甚至当清晨护士进屋来采血时我还依然酣睡。

自我价值在于生命本身

如果让我解释为什么会从不安变得心安，从夜不能寐到安然入睡，而且睡得很香，我想说那是因为我把人生当成了一种实践，同时意识到自己的价值无须通过实现什么加以体现，只需要简单地活着即可。**如果人生的每个瞬间都没有被虚度，那么是否达成某个目标也就不再重要。**

虽然我在住院期间无法工作，但那又有什么关系呢？家人的照顾，朋友的探望，身边的人都在发自内心地关心我，为我还活在这个世界上由衷地感到高兴。我发现自己居然能够因为住院给他人带来快乐，换句话说，我活着本身就是一件有价值的事情。假如住进医院的是我的亲人或好友，我也一定会抓起能带给他的所有东西，第一时间赶到医院。哪怕他正处在病危的状态，只要听到他还活着，我就会感到安慰。

当意识到自己的价值在于生命本身后，我发现生病前认为很有价值的东西变得一文不值。三木清在《人生论笔记》中提到"精神的自动性"一词。人在日常生活中很少会思考，文化其实是各类常识的集合，在某种文化中长大的人，意识不到自己已经囿于成为常识的思维方式。所以，虽然一个人以为自己在思考，但其实他只是接受了他人的思维方式。唯有质疑可以打破这种精神的自动性。

他在书中继续写道："质疑可以打破精神的自动性。所谓精神的自动性，是指在精神中有自然在流淌。质疑作为打破精神自动性的因素，展现出面对自然的理性的胜利。"

如果一切照旧，那么一个人就不会质疑自己的想法是否正确，因为简直不存在质疑的余地。但是，疾病会打破精神的自动性。因为生病，人对未来的看法发生了改变，明白了真正有意义的东西既不是名誉，也不是金钱。曾经认为成功等于幸福的人一旦生病，就会恍然大悟，意识到**成功并不值得自己牺牲一切去追求。**

生存不是进化而是变化

一个人生病后会遇到很多问题：失去工作，生活困窘，甚至和家人的关系也受到影响。疾病会让人失去很多，因此生病一直被认为是消极的、负面的事情。但是，疾病的影响就一定全部是负面的吗？

阿德勒在《自卑与超越》中认为，生活从整体上是"自下而上，从负面向正面，由失败向胜利推进的"，这也被他称为"对优越感的追求"。但是，我无法将生病的状态定义为"下"或"负面"，更不会将它称为"失败"。将生病视为失败是错误的。

没有康复的希望，也并不意味着要放弃治疗。即使一个人因为生病或身体残疾而什么都做不了，他们的生命也不是毫无意义的，他们也没有失去活下去的资格。也许有人会认为不能有所作为的人生毫无价值，那是因为他们从来没有想过自己也可能会生病，可能会丧失所有能力。

莉迪亚·西切尔对于阿德勒的"对优越感的追求"有着不同解读。她认为阿德勒所说的"生命的进步"并非向上，而是向前，不存在优劣的对应关系。

在西切尔看来，每个人都从各自的起点向目标行进，这种行进是平行的。有人会向前走，也有人会向后走；有人走得快一些，也有人走得慢一些。所谓的区别，仅此而已。西切尔认为人可以选择不同的方向，不过大多数人都认为"前进"是最佳选择。毕竟，西切尔和阿德勒一样，都将人生看作一种"进化"。

在住院期间，我每天都要穿过两个病房楼之间长长的走廊去做康复治疗。我可能是在那条走廊上走得最慢、最吃力的一个人，后面走来的人一个接一个地超过我，走到我的前面。如果我在心里认定自己正在被他人"赶超"，那么说明我在潜意识里认为我比不上走得更快的人。

但是我相信，速度不重要，只要能一点点向前挪就是胜利，我的前进和他人的步伐没有关系。话虽这样说，我还是免不了觉得向前是好的，走在前面的人要比落在后面的人更优秀、进步得更快。

只要依然从"进化"的角度看问题，哪怕不用"上"和"下"的概念，改为"前"和"后"，我们也不可避免地会认为缓步前行的老人和患者，比不上大步流星的年轻人和健康的人。

再说回我自己，经过一段时间的康复治疗，我终于又能迈着轻快的脚步走一段较长的距离了。这一回轮到我超过那些比我康复时间短、只能吃力地走一小段距离的病友了。

当然，我并不会因此就认为自己比他们优秀。无论走在前面还是后面，无论步伐是快还是慢，我们都无法因此判断孰优孰劣。每一个人都在按照自己的步调前进。

接受治疗和参加康复训练，并不是为了使自己从消极状态变为积极状态，康复也不意味着身体能回到之前的状态，即便如此，我们仍不能否认康复治疗的意义。**人的价值在于活着，无论是健康还是生病，都不能影响这一点。**

我的父亲住院时，曾经特别投入地接受理疗和康复治疗，每次休息一会儿后，他就会要求"再来一次"。我能看出来，他也没有奢望自己能和以前一样健步行走，但是每一次练习的成果都让他欣喜不已。

如果生命不是"进化"，那又该是什么呢？我认为应该是"变化"。**即使我们没有前行，生活中的每一天、每一刻也都是生命应有的样子，不存在优劣之分。**

小孩子每天都在成长，健康的人有可能会因疾病而失去精气神，年轻时轻而易举就能做到的事情到年迈时就只能望而却步……这些都是变化，不能简单地归结为比以往有所进步或有所退步。

没有变化也是一种变化。事实上，不存在什么毫无变化的事情，只是我们没有意识到其中的变化。尽管我们不再像孩子那样飞速变化，但即便是缓慢的变化，我们也会在内心感受到。

变化未必是好事，而且变化也不是必需的。现在和过去相比，自己是否发生了变化，或者说能做的事情是更多了，还是更少了，这些都不重要，因为活着的价值是相同的。

患者做出的贡献

生病和变老，会让人丧失很多能力。有人会很介意让家人照顾和护理自己，更有想法极端的人，觉得宁可死也不能给身边的人添麻烦，但是照顾和护理并不只是一件给人添麻烦的事情。

据我所知，有些人很乐意照料生活不能自理的人，或者照顾很小的婴儿，并不会觉得厌烦。为什么他们能这样甘之如饴呢？那是因为他们在照顾他人时能获得成就感。当然，他们并非为了获得成就感而照料家人，但是在某种意义上，被照料的患者给照料者提供了一个获得成就感的机会。

宫泽贤治有一位小他两岁的妹妹登志。尽管贤治全身心地照顾她，24 岁的登志还是芳华早逝。宫泽贤治为妹妹写下一首诗——《永别之晨》，在这首诗中，登志说即使来生再次遭受病痛的折磨，也不要让大家像此生这样为自己的事而痛苦。一般人在生病时很难有多余的精力去考虑他人，登志能这样想，着实令人感动。

在一个雨雪交加的清晨，登志请求哥哥为她接一些雨和雪。

啊，登志，

尽管你已生命垂危，

为了振奋我的精神，

仍求我为你接一碗圣洁冰凉的雪。

谢谢你，我坚强勇敢的妹妹，

我也会毫不畏惧地继续向前。

贤治知道，登志让他取一碗雪，是为了让他以后想起自己时都充满轻松、美好的回忆。不过，登志没有意识到自己通过这种方式为哥哥做出了奉献。

人的价值在于活着。**你的生命本身，对有些人而言就是喜悦，你活着就是做出了贡献，所以，不要纠结自己生病会拖累他人，也不要担心自己因此丧失价值。**

登志临终前可能并没有这样想，所以她才会希望来世不要再像此生这样让大家为自己的事而痛苦。生病的人总是会觉得给别人添了很多麻烦。但是，登志最后让哥哥接一碗雪的请求，使贤治未来的岁月里充满了美好的回忆。贤治对妹妹说的那句"谢谢你"，是对她的付出和奉献的感谢。这首诗，描绘了一个人因为生病给家人带去安慰的场景。

在诗中，贤治说妹妹让他去接一碗雪，是为了让他回忆起妹妹时不会心情沉重。贤治一直明白，因为妹妹的存在，自己的人生充满了美好的回忆。

重获新生的意义

患者所做的贡献不止一个。柏拉图在《理想国》一书中使用了一个洞穴的隐喻。一些囚徒从小就住在洞穴中，脖子和手脚均被绑着不能动，眼睛只能看向前方。在他们背后的上方燃烧着一把火炬，火光从后面投射过来，火炬和囚犯之间有一条路。有些人拿着人和动物的雕像等各种人工制品走在这条路上，于是，囚徒前面的墙面上，就会投射出人和动物雕像的阴影。被固定住头部的囚犯无法回头，所以他们只能看到影子，并且认为影子才是实物。

这时，如果有一个人忽然被解除桎梏，站起身来，被迫转身，那么会发生什么呢？这个之前只能看到影子的人，突然看到明亮的光线，一定会感觉目眩。即便有人告诉他现在他看到的才是真实的事物，他也不肯相信。如果强迫他直视明亮的光线，他会觉得眼睛灼痛，本能地想要转过身去寻找已经看习惯的影子。

接下来，如果此时有人把他强行拖出地下洞穴，沿着陡峭的坡道向上走，看见洞外耀眼的阳光，在强光的直射下，看不清任何真实的事物。再过一段时间，等他真正摆脱了束缚，他就会意识到地面上存在的事物才是真相，也就不会再将墙壁上的影子当作真实的事物。

茨木则子在战争中曾收到一纸征遣证，被迫离开校园，到药品制造厂做工。关于这段时期的经历，她在《茨木则子诗集·言语（一）》中做了以下描述："临别时父亲告诉我，在这样的非常时期，我们都要做好思想准备，在任何地方都可能丧命。在家乡的车站等候带我离开的夜车时，我忽见星空灿烂，天蝎座尤其明亮。当时我最喜欢做的事情就是仰望星空，因为那是仅存的美好的事物，所以我在打包行李时最先放进去的也是星空图。"

茨木在自己的诗作《天蝎座愤怒的红色 α 星》中，向夏夜照亮天幕的星星发出了呼喊。

美丽的精灵啊，

我之所以不会贪恋地上的宝石，

是因为我已经看到过你们。

领略过星空之美的茨木心中存在"永恒的美"。如果借用柏拉图的定义，这就是"美的理念"，是脱离尘世的美，所谓的"不会贪恋地上的宝石"，就意味着脱离了一般价值观。在一个不知道死亡何时降临的非常时期，茨木深深懂得贪恋地上的宝石毫无意义。

当一个人身体健康时，很可能会贪恋地上的宝石，并为了得到它拼命努力，而这种想法通常会在失去健康时发生变化。他就会像茨木一样，意识到**自己一直追求的金钱、名望和社会地位不过是浮云，一文不值。**

三木清在《未曾谈及的哲学》中将人生比喻为在沙滩拾贝。沙滩的一边就是低吼的大海，有人意识到了，有人却毫无察觉。突然出现某个契机，促使沙滩上拾贝壳的人低头去查看自己的小篮子，此时他们发现刚刚还觉得很漂亮的贝壳，其实平平无奇，之前以为闪闪发光的贝壳失去了光泽。这里所说的"契机"有很多，生病就是其中之一。"就在这时，身边一望无际的大海突然翻起了滔天巨浪，向他们席卷而来，他们在毫无防备的情况下，瞬间被吞没在黑暗之中。"

"滔天巨浪"在这里指的就是死亡。其实，死亡一直在那些忙于拾贝壳的人身侧。每个人都知道人生的终点是死亡，但很少有人会在身体健康时考虑这个问题。

我生病时想到了柏拉图的洞穴隐喻。突发疾病使我经历了从黑暗中被拖拽到光明一侧的过程。就像茨木和三木清表达的一样，我在那一刻终于明白了什么是有价值的，什么是没有价值的。就像前文所说的那样，患者被推到了"没有时间的岸边"。疾病很可能再也无法被根治，身体也难以恢复到以前的状态，但他们也因此看到了以往被忽视的东西。当然，只是身体微恙、迅速恢复健康的人，相当于只是把头转向了火炬的一边，而不是将全身解放出来，所以他们很快又回到之前的状态。

我最感兴趣的还是未能留在真实世界里的哲学家。他们已经解除了束缚，看到了"理念"，却不得不再次回到洞穴之中，这就好像病情好转了不少，却还没有痊愈的人，已经不被允许继续住在医院里，需要回到日常生活中去。法国哲学家西蒙娜·薇依（Simone Weil）认为哲学家这时必须重新在自己的肉体中承受苦难。

重获新生的人会做些什么，这个因人而异。我认为一个经历过病痛的人，应该将自己在生病期间的感悟分享给他人。有些道理，只有经过一场大病才能体悟。这样做不仅可以安抚生病的患者，减轻他们的不安，还可以将关于人生的思考告诉更多的人。

重获新生的人将感悟分享给健康的人，这就是患者所做的贡献。即便无法完全康复，如果能够将这些传达给没有生病的人，帮助他们洞察到以往没有注意的事情，也很有意义。所以，**只有得过重大疾病的人才有资格说出"生**

病也未尝不是一件好事"。

　　当一个运动员战胜疾病，凭借不屈不挠的精神重回赛场并取得优异的成绩时，我们会备受鼓舞。其实，一个人通过生病有所体悟，这点更为重要。能不能回到赛场只是结果不同，他们的价值并不会因为能否继续比赛而有所改变。

第五章

对衰老的不安

老　い　の　不　安

我们什么时候意识到衰老

　　对年轻人而言，衰老距离他们还很遥远，但是只要一个人的寿命足够长，他就势必要面对衰老。尽管年轻时毫无感觉，但当年岁渐长，人们就会渐渐意识到衰老。虽然心理还年轻，但是身体却很诚实，牙齿松动、视力下降、听力下降……每个人出现类似状况的时间有先有后，有的人甚至到了很大年纪都没有觉察到身体已经发生了变化。与突然病倒不同，衰老是逐渐发生的，所以相比而言，人们会因为已经做好了心理准备，更容易接受衰老。

　　不过，我们也可以用相似的方式来看待疾病和衰老，即衰老并非"退化"，而是"变化"。上了年纪的自己并不比年轻的自己差，只是进入了衰老的状态。想要做到这一点，还需要从根本上改变认知，切勿将健康和年轻视为优点。

有的人害怕衰老。当越来越多的事情因为年龄的增长变得力不从心时，他们会难以接受：曾经可以独当一面，以后却需要依靠家人或护理人员才能维持正常生活，即使不存在经济上的不安，一想到日后要发生的变化，也难免会对未来的人生感到恐惧。经济上的顾虑一定会额外增加人的心理负担，就算不考虑这一层，身体日渐衰弱，也会让人担心自己给亲人带来麻烦，并对人际关系产生忧虑。这种想法和患者的心态颇有几分相像。

人的价值

衰老还会涉及关于价值的思考。我父亲上了岁数后，非常反感在乘坐公共交通工具时有人给他让座。日本小说家黑井千次在《衰老这件事》中也提到，有一次在地铁里遇到小学生给他让座，他才意识到自己已经到了被让座的年龄，一时间感慨万千。

再说说我自身的感受。接受完心脏手术后，在很长一段时间里，我的胸前要绑绷带，如此一来，乘坐公共交通工具时常常有人主动给我让座。如果没有绷带，谁也不会发现我是一个刚接受完手术的人。实话实说，刚开始的时候，我的心理反应和我父亲、黑井千次如出一辙，但是因为自己站着确实辛苦，还是期待着能有个座位，所以在郁闷的同时也感到很欣慰。更何况如果我真的请他人给自己让个座位，相信大家也是不会拒绝的。

衰老的问题在于有些事自己明明无法做到却不承认。其实，承认自己做不到，并不会降低自己的价值，但是如果这个人认定人的价值取决于能够完成多少事情，那么在面对衰老和疾病导致的能力减退时，他一定会认为自己已经没有了存在的意义。

退休后萎靡不振的人，通常也是因为他们认为自己失去了价值。于是，他们会想出各种方法继续工作。尽管并没有为生活所迫，但是他们迫切需要通过工作证明自己的价值。这类人在因为衰老和疾病失去工作能力时会格外沮丧。

此外，衰老不仅会让我们变得行动不便，还会让我们的记忆力衰退，对生活产生极大的影响。阿德勒认为，当这种情况发生时，人们会低估自己，并会产生强烈的自卑感。衰老不再仅仅是主观感受，其导致的现实问题使得情况更加复杂。

但是也有人会以记忆力衰退为借口，拒绝尝试明明可以做到的事情。他们逃避挑战的理由也很"充分"——记忆力大不如前，看过的东西下一刻便会忘记。其实，没有人能像在学生时代那样一目十行，过目不忘，这是不争的事实。以此为借口的人，只不过是为了逃避人生课题，而拿衰老作挡箭牌。通常，这些人在年轻时，也经常回避人生课题。对他们而言，因衰老而感受到的痛苦比别人感受到的更为强烈。

衰老不是不幸的原因

与疾病一样，衰老会直接导致死亡，因为衰老不是单纯的"天增岁月人增寿"，衰老的尽头就是生命的尽头。阿德勒在《自卑与超越》里写出自己的观点："很多人将身体的快速衰老看作自己即将彻底消亡的证据，因此倍感恐慌。"

每个人面对疾病和衰老的态度都各不相同，对死亡的态度也不一样。但是同一个体在面对这些问题时，通常会采取同样的应对方式。那些本来就以自我为中心的人，会理所当然地接受他人的帮助；而习惯性逃避的人，则多了疾病和衰老这两个借口用于逃避人生课题。这并不是因为他们现在生病了或变老了，其实他们在年轻时就表现出了这样的特点。

柏拉图在《理想国》中描述过这样一个故事。苏格拉底和名为凯帕洛的老人进行了一番对话。凯帕洛性格温和，平素也很自信，他对苏格拉底说，有很多老年人抱怨上了年纪后生活索然无味，年轻时可以饮酒作乐、男欢女爱，现在却都无法享受了，甚至怀疑自己是不是还活着，有时还会因为上了年纪而遭受亲人的怠慢。他们都认为是衰老导致了自己的不幸。

但是，凯帕洛对此并不认同。他告诉苏格拉底"我认为这些人搞错了原因"，因为如果步入老年是造成不幸的根源，那么自己作为一个老年人，也应该处于一样的状态。但实际情况并非如此。

那么，什么才是不幸的根源呢？

"苏格拉底呀，痛苦的原因并不在于年龄，而是在于人的性格。一个品行端正且懂得知足的人，即便步入老年也不会觉得痛苦。反之，他不仅上了年纪会痛苦，就连年轻时也不会过得满意。"

这里的重点是，苦恼并不是因为衰老。一个人如果不是"品行端正且懂得知足的人"，年轻时也不会过得顺心。此外，并不是所有人都会因为上了年纪而学会知足。**年轻时就不贪心的人，上了岁数也仍然懂得感恩。而那些应有尽有却仍不知足的人，就仿佛是一个没有底的花瓶，往里面倒多少水都是徒劳的。**

上了年纪之后，一个人力所能及的事情越来越少，但是这并不意味着此人一定会越来越不幸。**感叹自己失去太多而忿忿不平的人，年轻时也常常被不满的情绪干扰。**从本质上讲，这样的人是不会满足的。

如何好好使用自己拥有的一切

人生应该怎样过才能减少痛苦？

马库斯·图留斯·西塞罗（Marcus Tullius Cicero）曾在《论老年》中说过："我现在并不羡慕年轻人的体力，就如同我年轻时并不奢求拥有牛和大象的力量。我只支配自己拥有的，凡事量力而行。"

这让我想起了阿德勒在《人为什么会患精神分裂症》里的观点："**重要的不是得到了什么，而是如何使用自己拥有的一切。**"

阿德勒还在《自卑与超越》中提到过"更年期危机"。他认为更年期未必会带来危机，但是那些将美貌和年轻看得非常重要的人在进入更年期后会"因不知道如何吸引他人，担心他人歧视自己，继而采取自我保护的方式封闭自己，而这样做会导致他们心情低落，最终可能陷入抑郁"。没有人能青春永驻，年老也不意味着失去美。如果一个人把"美"和"年轻"强绑定，那么当青春不再的时候，他也难免会怅然若失。

阿德勒还说，那些认为自己已经不被需要的老人，要么对子女言听计从，要么满腹牢骚、难伺候。为了避免出现这样的结果，阿德勒认为"即便是对六七十岁甚至八十岁的老人，我们也没有必要劝说他们停止工作"。

但是，阿德勒的这番话并没有摆脱一个固有的观念——以人的能力来衡量人的价值。无论是否继续工作，无论是否还从属于某个组织，"'无所属的时间'会让人回到生而为人的原点，并让人有所成长"[1]。如果想做到这一点，就要相信**人的价值不在于创造性，而在于生命本身**。

不要哀叹失去的青春年华、美丽的容颜，不要感慨健康不再。为了度过衰老的危机，我们必须相信，活着本身就是一件对他人有意义的事情。

储备知识与经验

虽然我不敢说自己现在活得比年轻时更精彩，但是我的确拥有上了年纪的人才拥有的财富——多年来积累的知识和经验。我对物质和金钱没有太多的欲望，如果有人提

1　选自《生活在无所属的时间里》，城山三郎著。

出让我以拥有的知识和经验换取重返年轻的机会，那么我一定会毫不犹豫地拒绝，选择留在今天。

当然，纯粹的经验积累并不会让我变得更加聪明，但如果一个人想拥有出类拔萃的综合能力，不经历从青年到老年的漫长积累和持续的思考是不可能的。精神科医生神谷美惠子在撰写《关于生存的意义》一书时，曾在日记中写道："能够将过去的经验与知识融会贯通，是一件多么令人高兴的事情啊！每天都在思考，每次思考都会带来新的喜悦。"

这是一种将过往的人生经历汇聚在一起的喜悦。

第六章

对死亡的不安

死　　　の　　　不　　　安

陌生的死亡

每个人都明白，疾病和衰老的尽头是死亡，因此几乎没有人可以摆脱死亡带来的不安，但是如果这种不安过于强烈，工作和生活就会受到影响。一个人无须亲历疾病和衰老，只要环顾周围的人，就多多少少可以对此感同身受，还能够通过和他们交流，更深层地了解他们的感受。

即便如此，当疾病和衰老降临到自己身上时，人们还是会发现直接感受与间接了解存在差异。有人被工作压得无法喘息时，脑海中可能闪过"不如生病住院休息一段时间"的念头。等到真的因病住院，他们才发现这根本不是

什么休养，每天都要忍受病痛的折磨，其他什么事情也做
不了。

虽然每个人都可以通过观察身边的人了解什么是疾
病和衰老，但是人和人对疾病和衰老的感受不尽相同。正
如我前文提到的，人在事不关己时总觉得生病不失为一种
"被动放松"，等到真的亲身体验了，才知道生病只有难
受，何谈"放松"。

与疾病、衰老不同，对生者而言，死亡是无法在活
着时体会的。那么该如何缓解对死亡的不安呢？这真是一
个非常棘手的问题。我们都知道，自己经历死亡与旁观他
人去世，这两种感受不可能是一样的。看到身边的人去世
时，我们知道他们已经从这个世界上消失，与这个世界再
无关系。当自己即将死去时，是不是感觉自己和这个世界
都变得虚无了呢？如果是，我们就更不可能知道真正的死
亡是什么样子了。

即便如此，我们仍需要思考何谓死亡。每个人对于无
法回避的死亡都会感到不安，对死亡的不安应该算是实际
存在的不安，但也不排除有些人将其当作回避人生课题的
借口。在这一章里，我们首先针对作为借口的不安进行思

考，然后探讨因为无法回避死亡而实际存在的不安。

当对死亡的不安被当作借口

有人无法克服内心的恐惧，不敢正视"人固有一死"的事实，他们会试图求助于布莱士·帕斯卡尔所说的消遣。前文讲过，消遣就是放松、娱乐、放下心中的焦虑。消遣可以驱除内心的不安，有人会借此逃避必须面对的人生课题。

更有甚者，把对死亡的不安变成逃避人生课题的方式。之所以这样说，是因为如果无限放大对死亡的恐惧，人们就可以将注意力全部放在死亡上，从而得以回避人生课题。

终日思考死亡，就会忽视现实。有的人看起来总是心不在焉，任由自己焦虑。他们不安的本质是不想做任何工作，不想付出努力，所以他们选择躲在畏惧死亡的阴影里。

阿德勒将对疾病和死亡的恐惧归为不想做任何工作的借口。但是为什么这些人会拒绝工作呢？答案是因为他们恐惧失败，并且担心无法满足他人对自己的期望。这一点我们在本书的开头部分就讨论过。

阿德勒对神经症患者进行过如下描述。对神经症患者来说，失败是对虚荣心和权威的威胁。如果没有成功的把握，他们就不会面对这个人生课题，因为他们担心失败会伤及自尊与自己的权威。有人在失败后，甚至宁愿选择死亡，也不愿意失去自尊和权威。他们认为死亡可以帮助自己逃避精神上的伤害。

阿德勒还举过一个例子。一位 30 岁的女教师，刚刚结婚半年就因为经济萧条而失业了，她的丈夫也失业了。虽然她不想当文员，但是为了养家，还是找了这样一份工作。她每天都要坐地铁上下班。

有一天，她在办公室里突然产生强烈的恐惧感，好像自己只要从椅子上起身就会当场死去。同事们把她送回家后，她的这种恐惧感渐渐消失了。但是，从那之后，她每次坐地铁时，都会被死亡的预感折磨，因此完全无法继续工作。关于这个病例，阿德勒进行了如下分析："她应该是一个虚荣心很强的人，容易自我陶醉，很可能还有过于夸大的自我意识（自尊心），缺少社会性，比较冷漠。"

阿德勒认为这类人和被宠坏的孩子很像，缺少社会性，即缺少对他人的关心。一个天天担心他人如何看自己的人，除了自己，不会关注其他人。一个从小被宠溺的孩子，长大之后陷入困境时，不会试图通过自己的努力改变，而是首先想到去求助他人。虽然谁都会遇到凭一己之力无法解决的难题，需要依靠他人的帮助才能克服困难，但这并不意味着从一开始就要理所当然地依赖他人，放弃尝试自己独立解决问题。这样的人通常内心也比较冷漠。

案例中的这位女性曾经是一名教师，她因生活所迫从事了自己不喜欢的文员工作。她在内心一定认为自己这样做是失去尊严、完全失败的。

这位女性家里有一个姐姐和一个弟弟。通常，家中的老二都会希望超过老大，她也的确一直"努力"压过姐姐的风头。他们的父亲非常严苛，姐姐从来得不到父亲的认可，相比之下，身为老二的她学会了用哭来达到目的。这就是阿德勒所说的"水的力量"：用眼泪让周围的人心软，对自己有求必应。她用哭这一招，得到了与姐姐同样的东西。有一次，姐姐期末考试后从母亲那里得到了一枚戒指，她也想要，就一直又哭又闹，直到母亲给她买了同样的戒指。

不过，弟弟也是她强劲的竞争对手，因为父亲格外偏爱弟弟。父亲对母亲和女儿都不是很关心，父母的婚姻也算不上幸福，因此，这位女性变得不能信赖异性。

当被医生问及婚姻生活是否幸福时，她突然大哭起来，边哭边说天下没有比自己更幸福的女人了。至于为什么要哭，她的回答是因为太幸福，感觉婚姻不可能持久，越这样想就越不安。由此可见，无论在现实生活中，还是在她的假想中，一旦出现"失败"，她的情绪就会受到极大的影响。

阿德勒对此的解释是："她的最终目的很明显——通过习惯性地表现出自己的情绪很容易波动，并且依赖他人的善意，最终增强自己的优越感和安全感。神经症患者大都是这样的，对他人基本漠不关心，将他人视为索取的对象，且通常表现出精神萎靡。"而他人无法对神经症患者的困窘视而不见，因此成了被他们索取的对象。

再回到死亡的问题上。这名女性之所以会在乘坐地铁时出现症状，是因为她认为这个新工作拉低了自己的身份，或者从事文员工作意味着她不够成功，而死亡的恐惧恰好出现在自己和工作之间，可以将她保护起来。

她的梦境也可以证明同样的事情。她在梦中梦到了已经死去的人，也就是说，即使在睡眠时，她依然没有摆脱死亡的困扰，完全沉浸在"做这份工作生不如死"的情绪中。当然，她真正想要的并非死亡，而是放弃工作。

她一直觉得父母婚姻不幸福导致自己失去了对异性的信任。但是，这也可能是她为自己不信任异性找的理由，二者之间未必存在因果关系。同样，因为放弃工作是一件自己和他人都不能接受的事情，所以她把对死亡的恐惧当成了辞职的理由。阿德勒将诸如此类的为了回避人生课题而寻找的借口，都称为"人生的谎言"。

没有人想放弃生命，即使一个身负重伤、濒临死亡的人，也不愿意相信自己会死去。陀思妥耶夫斯基的小说《白痴》中的梅诗金公爵带有几分作者自己的影子，作者借梅诗金公爵之口说出了濒死之人的痛苦。一个被告知自己将不久于人世的人，其痛苦远远大于被打得头破血流、身负重伤，但坚信自己一定会得救的人。

阿德勒还举过一个男性患者的例子。这个人大约50岁，只要站在高楼上，就会有向下跳的冲动。这种症状在他青春期时就出现了。但他在工作后，需要经常去摩天大楼里拜访客户，也是从那时起，症状开始加剧。这位患者家里兄弟姐妹众多，他是最小的，从小备受宠爱。可以说，他的身上有各种被溺爱的孩子的特点，不过后来他基本被治愈了。

阿德勒还提到过一位与前述患者年龄不同，但有相同症状的患者。这名患者也有过从高楼纵身一跃的冲动，后来也克服了这个心理问题，活得很好。阿德勒在《人为什么会患精神分裂症》中称赞他"战胜了自己"。

这个人对自己的经历做了如下回顾："我上学的第一天简直就是灾难。一个男孩子向我冲来，我虽然吓得几乎要晕厥，但还是咬着牙冲了过去。"阿德勒认为，这是一个典型的例子，即人**在巨变中产生对死亡的恐惧，并且通过克服这种恐惧感受到胜利的喜悦**。患者话语中的"但还是"带有非常复杂的含义，"是对自卑感的一种补偿"。

阿德勒对这位男士儿时的举动给予了肯定。不过他也指出，这位患者在日后的工作场景中，也会像儿时那样，为了克服恐惧而调动内心的英雄气质。此时，这类行为就成了有点孩子气的游戏，属于为了保护自己的价值而采取的"假想的方法"。当他们知道死亡的恐惧和产生跳楼冲动的相关性时，他们就可以顺利地克服心理障碍。

以上病例中出现的因死亡而不安的问题，都是虚假的问题，是为了逃避人生课题而产生的恐惧。不过，在克服这些恐惧后，人仍要面对死亡。**当我们一边努力生活，一边思考无法逃避的死亡时，我们才会感到真正的不安，而只有在思考这种真实存在的不安时，才是真正地探寻关于死亡的问题。**

直面死亡带来的不安

即使我们不再以死亡为借口逃避人生课题，死亡也会降临，这是一个无人可以改变的事实。至今为止，没有人可以长生不老，没有人可以起死回生，因此，谁也不知道死亡究竟是什么样子的。

不担心死亡的唯一方法就是控制自己不去想。但是，人迟早会知道自己大限将至。不同的是，有人能学会坦然接受，有人则陷入绝望，失去了过完最后一段时间的勇气。

因为不知道死亡的感受，我们自然会在面对死亡时感到不安和恐惧。我上小学时，接二连三地失去了祖父、祖母和弟弟，突然知道了在这个世界上还有一种东西叫死亡。**一旦知道了死亡的存在，我就再也无法从意识中将其抹去。**

我不知道是不是死后一切皆空，是不是我们现在的感受、思考，甚至活过的痕迹都会消失。但是，年幼的我环顾四周，发现一个个成年人就好像不知道死亡的存在一样，活得投入，看不出恐惧。当时我实在无法接受这样的现实，这也成为我后来走上哲学道路的一个原因。

因为没有人知道死亡是何物，所以谁也不知道它是不是真的很恐怖。**我们害怕死亡，是因为我们对它一无所知。**为了减少对死亡的恐惧，我们很希望可以多了解它一些。也许，就像柏拉图借苏格拉底之口说出的那样，死亡未必是一件坏事。

如果真是这样，那么我们就无须给死亡贴上恐怖的标签，而应该直面死亡，学会不再逃避。帕斯卡尔在《思想录》里说过："人只不过是一根芦苇，是自然界里最脆弱的东西。"是的，人是这个宇宙里最脆弱的存在，"但人是有思想的芦苇"。

为什么说"人是有思想的芦苇"呢？帕斯卡尔在《思想录》中写道："当宇宙摧毁人时，人仍然比摧毁者高贵，因为他知道自己将死，知道宇宙比他更占优势，而宇宙对此毫不知情。"他认为人具有一定的自知之明，既可以自知死亡，又可以自知宇宙的强势，这一点使人更加高贵。这里的"自知死亡"，和我们所说的一般命题"人都知道自己会死"并非同一个意思。

虽然人人都知道自己终有一死，但在很多时候人对死亡不太会有切实的感觉，总觉得死亡离自己很遥远。等到必须面对的那一天，人们才真正意识到原来死亡并不是遥不可及。在生病时，受重伤时，人才会想到死亡。当自己深爱的人逝世时，人们也会有这样的感受——那个人对自己非常重要，以至于失去他，生命都不再完整。在这些情况下，死亡不再是一个遥远、模糊的概念。

在《谢斯托夫式的不安》中，三木清对人在直面死亡时的情绪进行过如下描述。"当听闻亲人的死讯时或者当知道自己命不久矣时，我们真的可以做到坦然接受，并承认死亡是无法改变的自然规律吗？不，我们可能会对这个无法改变的自然法则和真理产生愤怒，并且强烈地希望打破这样的规律。"

痛失爱人的人会感到不公和愤怒，想要冲破自然法则，甚至连阿德勒立志成为医生都是因为想要"杀死死亡"。

只要是疾病，多少都会触发人们对死亡的预感，并因此改变人们对人生的理解。不排除有人刚出院就完全忘记了生病这回事，但是对大多数人而言，疾病是一个强大的外力。当一个对未来做过许多规划和设想的人，因为生病不得不面对死亡时，哪怕最后幸运地保住了生命，他的余生也会发生变化。有过这样经历的人，一定感到过愤怒和悲伤。**无论失去亲人还是自身的经历，只要有过面对死亡的时刻，那么死亡对他而言，就再也不是毫不相干的事情了，而且由此产生的不安会一直伴随他的余生。**

可悲的是，即便对死亡有了些许了解，我们仍然无法避免对死亡产生不安和恐惧。其实，没有人知道死亡的真相。自己死后的世界是什么样子的？这是无法通过见证他人的死亡就能了解的。人们也许可以进行一定程度的想象，但是没有人知道确切的情形，唯一可以肯定的是，回避死亡毫无意义。

死亡的希望

　　他人的逝去，并不意味着他们从这个世界上消失。因为这个世界并不会因此消失，对我们而言，就好像有一个友人去远方旅行，一直没有回来。但是，**自己的死亡可能意味着自己生活过的世界彻底消失，自己也不知去向。**

　　我们可以肯定的是，人不会死而复生。生者与死者不复相见，自己死后也不可能再见到这个世界上的亲人。然而，**正是因为我们对死后的世界并不知晓，所以会在心底残存一丝希望。**

　　三木清在《人生论笔记》中说过："对我而言，死亡的恐惧越来越不值一提，这可能是因为身边的人一个一个都已离我而去了吧。如果我还有机会和他们相见——这对我而言是最大的期盼——那么死亡岂不是一个绝好的机会？"

　　即便在这个世界上继续生存一百万年，我们也绝不会有任何机会和逝者重逢，而死亡之后的世界是我们所不了解的，因此谁也无法断言是否有再次相见的可能。

哲学家森有正曾经在《在河畔》中写道："想要唤回逝去的灵魂，唯有自己走入死亡的世界。人们为什么连这样简单的道理都不明白呢？"

森有正失去过一个女儿。为此，他在书中写道："我到底要走到何方才能再见到女儿""只要我步履不停，想必就可以一步步来到女儿的身旁吧。只要我停下脚步，就意味着永远无法接近她，所以我唯有不停向前，绝不停歇。"

只要还活在这个世上，我们就无法见到逝者。同样，谁也不能保证，死后我们就能相见。不过，**既然我们对死亡一无所知，那么，将死看作生的延续也未尝不可。**

那些迫切想知道死亡为何物的人，那些尝试将死亡与已知的事物进行类比，并试图借此了解死亡的人，其实都是在试图否定死亡。他们认为人并不会真的死去，他们想要通过这样的方式，接受亲人离去的残酷现实。因为在他们的理解中，死亡并不是真正的死亡，而是从这段人生进入下一段人生，逝者并没有消失，而是以某种形式继续存在。

　　失去爱人的人或即将逝去的人，希望迎来死亡之后的新生，这种心情我非常理解。因为如果认为死亡不意味着消失，就可以克服对死亡的恐惧，也可以让活着的人得到慰藉。但是，**我们无法保证死后还有一个世界，仅仅依靠这样的希冀，无法真正克服面对死亡时产生的不安。**

　　同时，否定死亡会引发一个严重的问题，那就是让人以为死亡可以带走此生的苦难。虽然世间的苦难的确折磨人，但是我也不希望有人将死亡当作解决问题的方式，轻易结束自己的生命。

　　上文援引的三木清和森有正的表述乍一看似乎和这种想法很接近，实际上他们的观点都有一个明确的前提，那就是死和生有着极其分明的界限，因此他们才会感慨只要活在这个世上就永远无法见到死去的亲人。

不要评价死亡的价值

　　就像生病和衰老是"变化"一样，死亡亦是如此。我们没有必要评价它的好与坏。古罗马君主马可·奥勒留说过："死亡和出生一样，是自然的神迹。"如果将生与死都看作宇宙中出现的自然现象，那么既然我们不会为生感到悲哀，同样也不应该为死感到伤心和恐惧。

话虽如此，即便面对花期短暂的樱花和牡丹，人们在看到它们绽放时，也不免会隐隐担忧。毕竟和花期很长的梅花不同，樱花和牡丹可能过不了几天就会凋谢。事实上，花儿并不是为赏花人绽放的，花开花谢都是自然现象，鲜花从来不会为自己短暂的生命感到悲伤。而人看到春花凋落都会常常忍不住感时伤怀，更别说面对自己的死亡了。

无论死亡到底是什么样子，有一点毋庸置疑，那就是死亡意味着永远的分离。即便是相处不久的朋友，如果投入了感情，分别时有可能会感到悲伤。而至亲、至爱之人的离世，更是令人感到撕心裂肺般的伤痛。

从这个角度说，他人的离世不仅仅意味着他人从这个世界上"消失"。对我们而言，他人的离世不同于远行，如果是后者，我们刚开始可能会觉得寂寞，但能慢慢克服。而当一个生前与我们有深深羁绊的人离世，我们生命中与他相关的一部分也会随之消失，随之带来深深的哀伤。

如何消除死亡的不安

我们需要认真思考以下三件事。

第一，假如我们不知道死亡到底是什么，也不知道死亡将以什么方式降临，那么是否应该因为死亡的存在，而改变现在的人生轨迹呢？假如死亡之后是一片虚无，所谓的另一个世界并不存在，我们就可以只顾眼前不管将来，过起"我死之后，哪怕洪水滔天"的生活吗？答案当然是否定的。我们会消失，但至爱、至亲之人还会活在世间。**如果死亡临近时必须大幅改变自己的生活方式，那只能说明之前的生活方式和对生活的态度有问题。**

第二，**只要每天都过得充实，就无须关注死亡本身。**人活一世，很多时候都需要耐心等待，唯独死亡无须等待。**死亡迟早会来临，与其一直忐忑，不如关注当下，活在当下。**

我的父亲患有阿尔茨海默病，海马体萎缩，而且医生也通知我们他剩下的时间不多了。父亲病重时，我在床边照顾，总是担心他会突然离开我们，因此每天都生活在不安之中。有一天，我忽然顿悟，意识到父亲虽然终会死去，但是死亡对任何人而言都不会是重复再三的磨难。这么显而易见的道理，却一直被我忽视了，想到这里，我紧绷的神经多少得到了一点儿放松。

和爱人度过幸福时光的人，不要担心下一次见面是什么时候。如果一味地担心下一次见面会是何时，那么怎么可能在相守时全身心地投入呢？

虽然现实是残忍的，谁也不能保证一定会有"下一次"相见，但是我们能够做到的，就是放下心中的顾虑和担忧，好好珍惜"这一次"。

生与死也是一样。如果我们将现在的人生过得丰富多彩，死后的世界无论是什么样子，都不足以让我们担忧。我们无法预知明天会发生什么，即使还有很多未完成的事情，我们也不应该将生活的重心放在明天。**所谓生命，只有在今天、在此刻，才有真实的意义。**

这就是将人生当作"现实"的态度。这个词通常和"过程"一词放在一起对比。所谓活下去，就是要毫不犹豫地向前走。**不要把明天当作今天的延长，而要把每一个今天都过得充实有意义。**

第三，付出带来的满足感会帮助我们克服死亡带来的不安。阿德勒在《自卑与超越》中写道："人生最后的考验来自衰老和死亡带来的恐惧。如果将子女视为自己生命的延续，或者意识到自己为文化进步做出了贡献，就会明白自己其实得到了另一种永生，也就不会畏惧衰老和死亡。"他还在《优越感与社会兴趣》中提到，时间有限，人终有一死，一个希望在团体中获得永生、留下印记的人，会致力于为集体的幸福做出贡献，而表现形式有生儿育女，或勤恳工作。虽然每个人留下的东西都不一样，但总会通过某种方式为后世做出贡献。

马库斯·图留斯·西塞罗曾经引用先贤的话："前人栽树，后人乘凉。"种树的园丁现在种下小苗，未必可以等到绿树成荫的那一天。他明知道自己可能看不到成果，却还在默默耕耘。他在《论老年》中写道："如果你去问园丁为谁栽树，那么无论他们是否垂垂老矣，都会毫不犹豫地告诉你，自己在为永恒的万神栽树。万神希望他们不只是继承祖先，还可以传承给下一代人。"

朴实的农民和园丁以此为信念，为子孙后代栽树耕耘。《论老年》日文版一书的译者中务哲郎表达了自己对这一点的理解："种树，其实是一种人生态度，是为了获得灵魂的永生。"

我小时候吃完柿子，喜欢把种子种到土里。所谓种，只是把种子扔在家门口的田地中，甚至都没有浇过水。我问住在附近的祖母，柿子什么时候才能结出果实，祖母说："等我死了以后吧。"这应该是我第一次意识到死亡。那时祖母的身体还很硬朗，然而不久之后她就病倒了。门前的地里，真的长出了柿子树。我不确定那是我扔下去的种子发芽长成的，还是大人后来栽种的。总之，又过了一些时日，柿子树上结出了果实，而我的祖母已经不在人世了。

我讲这些，并不是要大家亲手去种一棵树。即使不能留下什么有形的东西，我们也应该留下一些活过的痕迹。这些活过的痕迹也未必一定要多么与众不同。

思想家内村鉴三曾经在《留给后世最宝贵的遗产》中指出，**"在我看来，任何人都可以留给后世百利而无一害的遗产——坚韧而高尚的一生。"**

这意味着一个人相信掌管世间的是神而非恶魔，相信世界充满希望而非失望，相信世间更多的是欢喜而非哀怨，并穷尽一生坚守和实现自己的信念，然后在离开时将这个信念作为礼物送还给这个世界。

我们要相信希望，即便今日的世界充满了艰难和混乱。有这个信念的人一定会信任他人，也一定会在苦难中感受到生的喜悦。

好好生活

没有人知道死亡的滋味，也没有人知道自己的生命会在哪一天结束。**终日为无法掌控的事情担忧，实在是毫无意义。** 阿德勒也曾经说过："很多人都活得谨小慎微，仅仅是活着，对他们来说难度系数已经拉满。"这样的人只能随波逐流，他们的注意力都放在"如何想尽一切办法活得长久一点"上。

苏格拉底说过，人不应该思考生命的长度，不应该对生命有太多执念，而应该"将注意力放在如何度过活着的时光上"。

走向死亡，是每个人都无法改变的命运。**我们努力生活，并不是为了分散注意力，减少对死亡的关注，而是因为只有拥有充实的现在，才不会担忧未来。没有必要为无**

法改变的事情苦恼和不安。担心死亡的人，大多数是因为现实中生活得并不满意。正如苏格拉底所说："最重要的不是活着，而是好好活着。"

阿德勒说过："只有当我的行为对集体有益时，我才会感到自己有价值。"这里所说的"有益"和"好好生活"其实非常接近。阿德勒的话为苏格拉底的观点做出了更为具体的注解。

不过，我认为阿德勒的话还有一点值得探讨。有益的行为固然重要，但是有益未必一定表现在"行为"上。**人的存在本身就很有意义，但能否对集体有益却很难判断。**比如，虽然小孩不能有所作为，但是他们的降生本身就对人类社会有着不可忽视的价值。即使这些益处无法量化，我们也能够体会得到。

何谓死亡

虽然我在前面已经说过，无论死亡是什么样子，我们都不应该因此改变当下的生活方式；我也说过只要现在过得充实，我们就不必过多地担忧死亡。但是，对于死亡，我还是想进行一些深入的探讨。

柏拉图认为死亡就是灵魂脱离身体。不过如今，我们已经知道"灵魂"并非客观存在的事物。当人因为疾病或事故失去意识、心肺功能停止时，其大脑还能继续工作，甚至具备正常功能。独立于大脑的灵魂或意识是不存在的，也就是说，如果发生了脑死亡，那么意识也会永久地消失。

而阿德勒的观点既不同于柏拉图，也有别于现代医学。阿德勒将自己创立的心理学流派命名为"个体心理学"（Individual Psychology），其中"individual"一词的意思为"分割（divide）不了的"。阿德勒认为人的意识与无意识、感性与理性、身体与心灵无法分割。所谓个体心理学，就是将个体作为无法分割的整体进行研究的心理学。

身体和心灵无法分割，对思考死亡而言有什么特殊含义呢？这并不是说身体和心灵是相同的。阿德勒强调的是**无论身体还是心灵，都是生命存在的过程和表象，互相影响，无法分开。**

比如，当你想要拿走眼前的一样东西时，如果你的双手被绑住，就无法拿走。或者当人因为骨折、疾病或衰老无法正常控制自己的身体时，很多想做的事情都无法实现。反之心灵对身体也会产生影响。当被人恶语相向时，一个人很可能因苦闷而辗转反侧，甚至会莫名地发烧。这些就是心灵对身体造成的影响。

当遭遇重大灾害或严重事故时，心灵必然会受到重创。当一件事情严重违背个人意愿时，人的内心不可能保持平静。就如同在战争中，每个人都有杀人和被杀的可能，心灵势必发生扭曲。即使有一些人表面上还能够保持镇定，其内心也不可能毫无波澜。阿德勒做过战地医生，对此非常了解，但他仍然坚持认为不该将心理创伤当作回避人生课题的借口。

除了遭遇灾难和事故，人还必须面对衰老导致的身体机能下降，以及疾病带来的身心痛苦。阿德勒认为："大脑是心灵的工具，而非起源。"换言之，是心灵驱使大脑，而不是心灵由大脑产生。不仅是大脑，我们身上的每一个器官都是如此。

但是，心灵并不是真的将包括大脑在内的身体部位当作工具使用。因为按照阿德勒的主张，人是无法分割的个体。在这个个体中，人的身体和大脑或其他器官不可能分离，身体和心灵都是生命的过程或表象，是从不同角度看到的生命，而不是截然不同的东西。既然是同一个个体，心灵对身体的驱使自然不可能存在。

作为"无法分割的整体"，一个人既不会只有心灵，也不会只有身体。因此，我们需要在身体和心灵之外，设定一个"自我"的概念。不是心灵在使用大脑，而是"自我"在使用大脑等身体器官，是"自我"在使用心灵。

"自我"由"心灵"（灵魂、精神、意识）和"身体"构成，身体包括大脑这个器官。"自我"既驱动身体，也驱动心灵，这个"自我"是无法分割的一个整体。如果用公式表示，如下所示：

自我＞心灵（灵魂、精神、意识）＋身体（＞大脑）＝生命

"自我"是灵与肉的结合。因此，即便我们的身体因为疾病、事故、衰老受到不同程度的损害，我们也仍然不失为原来的那个"自我"。

有一位哲学家在战争中遇到空袭，面部和身体严重烧伤，不省人事地在医院躺了好几个星期。等他能外出时，

街上的孩子见到他布满伤疤的脸都会吓得躲到一边。虽然他的容貌发生了彻底的改变，但他还是那个自己，没有改变。我的祖父在战争中也被燃烧弹击中，烧得面目全非，但是这并不会改变他是我的祖父这个事实。

一个人上了年纪后，容貌必然会发生改变，所以有人担心年老色衰，青春不再。不仅如此，人的身体机能也会渐渐衰退，最终在死亡到来时彻底停止活动。即使到了这一刻，"我"也还是那个"我"，并未改变。

精神也是如此。即便思维能力下降，甚至因为认知障碍记不住刚刚发生的事情，"我"也还是"我"。我的父亲患上阿尔茨海默病后，忘记了很多事情，但他依然是我的父亲。即使死亡消灭了他的意识，"自我"也会留存，"自我"是不朽的。**死亡可能会消灭人的身体和心灵，但是当我们身边的人故去时，当他们的身体和心灵都消亡时，他们有生之年塑造的"自我"依然存在。**

"自我"在驱动身体和心灵时会做什么呢？那就是确立目标。人拥有自由的意志，因此可以决定做什么或不做什么。**做出决定的是"自我"，而不是身体或心灵。**因此，人才可能在自己饥肠辘辘的时候，把手里唯一的面包让给更需要的人。虽然身体和心灵会影响人的决定，但是决定的主体依然是"自我"。就像前文所说的那样，倾听身体声音、感受身体状态的都是"自我"，然后由"自我"做出判断，决定下一步该做什么。当然，无视身体的声音，硬要将这些异常解释为正常现象，并决定忽视它们的也是"自我"。

身体和心灵充其量只能影响我们做出的决定。当身体出现问题时，即便身体和心灵发生了改变，"自我"也是不会变的。**无论存在怎样的限制，人的行为和物体的行为都不一样，前者可以由自己的意志决定，而负责做出决定的"自我"是永远不会消亡的。**

请大家想象一位用麦克风说话的人。如果麦克风出现故障，说话者的声音就传不到远处，但是，出故障的只是麦克风，说话的人并没有失去声音。

人死去时又会是怎样的情形呢？我认为逝者依然在表达。诚然，死去的人无法感知这个世界，也不可能通过视觉、听觉和感觉与世界交流，但是他们并没有停止表达。我们时常会想起逝者生前说过的话。那一刻，并不是我们唤醒了脑海中的记忆，而是我们和逝者的"自我"又产生了交流。

可能有人觉得我的这番话是在装神弄鬼，故弄玄虚，其实我们都有过类似的经历。比如，在读书时，我们会感受到作者的存在；阅读书信和邮件时，明明对方不在眼前，也听不到对方的声音，我们却能够真切地感受到对方；有时，我们还会毫无来由地回忆起老友，并且感觉他们就在身边。

在世的作家还会出新作，已故的作家则不会。多年不见的好友可能有重逢的时刻，逝者则不会。无论对象是活着还是已经故去，我们都可以直接接触他们的"自我"，而且这个"自我"不会因为他们的逝去而发生变化。

欧洲有句谚语："**人生短暂，艺术长存。**"用拉丁语表示，就是"ars longa vita brevis"，其中的"ars"译作英语即"art"，在希腊语中则是"techne"，汉语也可以译作"技术"。这句谚语可以有两种解释：一种是"想要在有生之年追求艺术和技术的极致非常困难"；另一种是"即使创造艺术和技术的人离开了这个世界，他们的成就也依然存在"。

三木清在《人生论笔记》中说过："如果一个人的成

果得以复活或长存，那么是否可以认为这个人也得到了永生，甚至拥有了更强大的能力呢？"

通常来说，和作家的生命相比，流传于世的作品的生命更长久，但是三木清并不认同这个观点。一件作品的艺术价值或技术价值可以很长久，一些被认为已经失去价值的作品还会因为新的诠释焕发新生，作品的创作者势必也会由此再次出现在人们的视野中，并且获得长久的生命。

"如果我们对柏拉图的著述永不消亡的希冀，胜过对他本人得到永生的期盼，那么只能说明我们是虚荣的。因为对于真正爱的人，我们对这个人永生的期望，会远远胜过对其作品不朽的期待。"

三木清认为技术不仅可以生产物质产品，还可以生产教育、个性、组织和制度等非物质产品。"人类的所有行为都具有技术性"，因此技术的产物不限于有形物。人的一生也是作品，内村鉴三就认为人的生涯是留给后世最宝贵的遗产。

问题是这些作品终有一天会消亡，就如同逝者的遗物一样终将不见踪影。所以，可能没有人会永远被铭记。从死者的角度看，如果没有人记得自己的作品和人生过往，那么自己就不会获得永生。每一个逝去的人都希望自己被铭记，希望永远不被某人遗忘，但是这并不是自己可以左右的。

永失所爱的人一定希望永远将爱人留在心间，但这其实是一件极其困难的事情，甚至几乎是不可能的。**当心爱的人去世时，时间也仿佛凝固在了那一刻，然而人不能一直沉浸在悲伤之中，生活还要继续。**

就像病愈的人不会像生病时那样备受关注一样，死去的人也会渐渐淡出亲人和好友的世界。我们会在梦中见到逝者，不过即使是这样的梦，也会随着时间的推移逐渐消失。

对绝大部分人而言，死亡都是人生的终点。亲友即使痛不欲生，也要努力继续活下去。随着时间的流逝，逝者总是会被渐渐淡忘。虽然每个人都希望自己死后被深深追忆，但并不会希望亲人坠入悲哀的深渊无法解脱，因为伤心而茶饭不思。如果死者在天有灵，应该会希望自己爱的人能够摆脱痛苦的煎熬，逐渐恢复以往的生活状态。

第七章

如何摆脱不安

どうすれば不安から脱却できるか

活出与众不同的自己

人一旦遭遇过灾难、事故或疾病，经历过残酷的现实，就很难恢复以前的状态。有些大病初愈的人，即使看起来已经完全恢复，将生病的经历抛在脑后，其实他们也只是尽力将对死亡的恐惧隐藏在心底。

如果问生病或者担心生病的人，不安有什么意义，答案就是它给了我们一次重新审视自己人生的机会。**当我们意识到曾经安稳的世界、曾经以为完全了解的世界已然颠覆时，当我们意识到必须在新的环境里生活下去时，我们会开始主动地和世界、和自己保持一定的距离。**三木清用

"离心性"这个词描述了这种生活方式，意思是偏离循规蹈矩的中心。这样的生活方式，意味着远离自然形成的中心，而应该主动确立中心。

认为中心会自然而然形成的人，不会对普遍价值观产生任何疑虑，也不会反思现在的生活方式有什么问题。就好像我们之前提到的那样，他们认为明天自然会到来，未来的生活也可以被预见。

当我们对普遍价值观没有任何疑虑时，我们不会想要活得与众不同，因为完全没有这个必要。我们可以和周围的世界和谐相处，不会发生问题。但是，**因为某件突发的事情，我们可能会在一瞬间置身于无常之上，然后才会明白，原来人生的中心并非大部分认为的那样。**

什么是普遍价值观呢？比如，只有成功，人生才有价值。为了实现这个目标，一些人从孩提时代开始就要努力学习，进入著名学府，毕业进入知名企业。

即便孩子对学习这件事有疑问，家长也会教育他们：别管那么多，现在拼命学习，将来进了好大学就万事大吉了。事实上，很多孩子咬着牙考进了理想的大学，却发现大人说的并非都是真的。考上大学并不意味着万事大吉，进入大学后还需要继续努力，工作后更需要不断自我提升。很多年轻人为了未来牺牲所有，却在未来变成现实后发现它和想象中的有很大差别。

人生的列车并非在既定的轨道上行驶，每个人都要铺设自己的轨道。在知道这些之前，人生或许是高枕无忧的，可一旦知道我们需要自己定位自己的人生时，我们就会感到不安。这种不安源于知道了人生并没有既定的轨道，而那些依旧安稳度日的人，其实只是自以为能预见自己的未来。**既然没有既定的轨道，我们就不需要活成循规蹈矩的样子，更不需要他人来安排自己的人生。人生理应异乎寻常，我们就应该活出与众不同的样子。**

三木清在上述文章中写道："追求不寻常是人类的特点。恰恰因为这一点，从古至今才会出现诸如中庸和适可而止一类的处世哲学，用来规劝世人。"这里并不是说我们只能过着循规蹈矩的生活，其实我们没有什么理由不活出自己。

有些人看到那些年轻时就取得成功的人选择提前退休，会为他们感到遗憾，事实上，当看到他们特立独行的人生，这些人又会产生羡慕之情，而自己却没有勇气冲破束缚，走一条与众不同的路。

我一直觉得那些能提前规划好人生方向，并按照方向坚持到最后的人是值得称赞的。但是，没有人规定人生计划不能调整。**人生只有一次，我们要让自己满意，不能只为了他人的期待而生活。**

然而，有些人却没有把精力放在规划自己的人生上，而是想方设法地阻挠他人，只因为他人要过上的生活是他们无法企及的。

三木清在《未曾谈及的哲学》中对"梦想家"有过如下描述。"那些能说会道之人，一次次苦口婆心地劝说我：'你就是个白日梦想家，而你的梦想终将在绝望中破灭，为何不做一个现实的人呢？'虽然我少不经事，但我的心让我做出了肯定的回答：'我的确一无所知，但我希望纯粹的心灵可以永远追逐梦想。'"

三木清提到的那些能说会道之人，无非就是想劝说他现实一些，不要与众不同。但是，一个人若是怀有一颗纯粹的心，就无法忽略心灵的声音，无法忍受庸俗的人生。

不过，一些曾经也心怀梦想的人，随着年龄的增长也会变得非常现实。不仅如此，看到和当年的自己一样追逐梦想的人，他们还想横加阻拦。变得现实的人，并不是对人生有了更正确的看法，他们明明知道人生应该有自己的态度，但是为了过所谓安稳的日子，还是选择牺牲梦想，以循规蹈矩作为顺从现实的理由。

其实，选择特立独行和与众不同的人生，也不是一件轻松的事情。毕竟走上他人设计好的轨道会让人更加省心，即便遇到挫折，也可以将责任推到他人身上。反之，自己选择的人生，就要由自己负责到底。**之所以选择与众不同的人生，是因为"人应该自主地确立一个存在论的中心，并且也有确立这个中心的自由"。**

在这个时代，很多人都是以"无名""无定形"的方式存在的，即没有鲜明的个性，没有独特的风格，在芸芸众生中毫不起眼，因为很多人都在按照人云亦云的价值观生活。我鼓励人们活出与众不同的自己，就是为了让大家可以找回自己的个性。

勇于无视他人的期待

想要活得与众不同，首先就要离开一些中心地带，比如所谓的"他人的期待"。三木清在《人生论笔记》中说过"我们的生活建立在期待之上""违背他人期待的行动远比想象中的困难。我们有时需要鼓起勇气，做出完全违背他人期待的事情"。

期待，本身就具有束缚他人行为的"魔力"。有人在做事情的时候会想到他人对自己的期许；有人受制于环境和氛围，明明有自己想做的、该做的事情，也因为不想破坏气氛而隐忍不做。甚至在选择人生道路这样的重要时刻，也有人因为不想违背他人的期待，而把自己的人生活成了他人希望的模样。有些人仅仅因为父母的反对，就放弃了自己梦想的专业或自己选择的伴侣。

如果没有勇气违背他人的期待，那会是什么结果呢?

首先，这些人没有办法活出自己的人生。三木清说过:"按照他人期待生活的人，通常会放弃发现自我的努力。"按照他人的意愿生活，就等于放弃了自己选择的机会。在亲子关系中经常可以看到这一点。例如，孩子听从父母的安排，在父母看来这是最安全的方式，甚至可以算是获取成功的捷径，但是这样的孩子只是实现了父母想要的人生。反之，那些不顾父母反对，坚持自己的选择的人就不会丧失自我。

其次，按照他人期待生活的人，没有办法去做真正需要做的事情。以职场为例，有人会揣度上司对自己的期待，会察言观色，以判断自己该做什么。即使上司提出过分的命令，要求他们弄虚作假，他们也不敢拒绝。即使发现公司内部出现问题，他们也没有勇气上报。这样的人不会与上级作对，因为他们认为揭发和上报于自身无益，只想明哲保身。

领导也深谙此道，他们知道操控下属最好的方法就是让下属觉得自己有被提拔的希望。只要让下属相信绝对服从有利于晋升，他们就会言听计从。领导时不时地再略施压力，在下属有反抗苗头时加以小小的威胁，这样就做到了对下属彻底的掌控。因为在下属心里，升职是唯一目标，即使现阶段会被人鄙视，只要熬到"出头之日"，一切都是值得的。

我们常常感慨有人天赋异禀，可惜最后流于平庸。其实平庸也不算最差的结果，最糟糕的是为了明哲保身而选择对错误，甚至对犯罪视而不见。在任何一个社会群体中，只考虑自身利益的精英都会带来极大的危害。

无视他人的期待非常难，但一直迎合就一定容易吗？还是以职场中的上下级关系为例，当下属不分是非对错，一味满足上司的要求时，内心一定也会惴惴不安，担心这些见不得光的行为有大白于天下的一天。如果想得到内心的平静，下属就应该鼓起勇气，拒绝执行上司的错误命令。

活出自己的人生

如果一个人能够时时刻刻对世俗保持质疑的态度，以自己的想法安排人生，那么即便他在别人眼里有些离经叛道，至少他还有机会活出自我。如果一个人没有违背他人期待的勇气，就会害怕拒绝身边的人，因为他们总是担心自己会被孤立。**一味迎合他人或许能够避免孤单，但其代价就是要压抑自己的想法，控制自己的言行，浪费自己的人生。**

他人的话未必正确，即使是亲生父母出于善意的话也可能是错的。因为有很多父母在面对子女极富个性的想法时，都会从个人经验的角度进行判断，然后加以反对。

　　我以前听到过一件事情。一个边上学边做家教的高中生面对父亲的干涉勇敢表态："这是我的人生，请让我自己做主。"父母越俎代庖，为孩子决定未来，但真的发生问题和遇到困难时，父母其实也无法承担责任。孩子的人生还是应该让他们自己去设计，让他们学会自己承担后果。

　　从不违背父母意愿的孩子，貌似拥有最佳的亲子关系，其实这也只是表面现象，因为这种亲子关系是不真实的。这里并不是说父母和孩子争吵是好事。只是，家长和孩子中哪怕有一方抱着子女不可忤逆父母的念头，都会导致子女无法表达自己的真实想法。

　　不仅是亲子关系，职场关系也是如此。一个人随意对公司决策提出质疑，就等于在削弱集体的凝聚力，但是如果出现大是大非的问题，那么我们应该站出来做出正确的选择。

认真地愤怒

　　其实，不只是公司内部有各种各样的问题，现在社会上也存在很多令人无法接受的事情。大部分缄口不言的人担心如果为此发出自己的声音，将被人视为异端。

三木清在《人生论笔记》中写道：**"所有的人性之恶，都产生于无法保持孤独。"**

父母对子女的咆哮，上级对下属的苛责，其背后的愤怒都属于"私愤"，只会导致人际关系的恶化，对解决问题毫无益处。也许受到责难的一方会因为恐惧而停止当下的行为，但是相同的问题还是会再次出现。

明明知道是不可以做的事情，被对方责骂后反而产生抵触情绪，因此才会一而再、再而三地犯下同样的错误。可以看出，**愤怒的情绪具有即时性，但是缺乏有效性。**如果发怒就能改变所谓的"问题行为"，那么愤怒一次也无可厚非，显然事实并非如此。

如果将上述类似的愤怒情绪归结为"私愤"，那么对于路见不平的愤怒或者面对人的尊严被践踏时的拍案而起，便为"公愤"。对于公愤，三木清做过如下陈述："正义感之所以会由内向外展示出来，是因为它在寻找一个

'公'的平台。没有比正义感更属于公愤的情感了。"[1]

真正愤怒的人不会畏惧孤独。三木清在《人生论笔记》中强调："只有明白何谓孤独的人，才懂得如何认真地愤怒。"当一个人为了社会上的不公发声时，当一个人拒绝配合他人的龌龊行径时，虽然因公愤而发声，势必会让一些人感到不快，发声的人也有可能要承担风险，但是如果因为害怕孤独，而对不公坐视不管，集体的秩序就会越来越糟，整个社会就会乱象丛生，陷入病态。

总会有人不在意他人的目光，选择做正确的事情。他们通过理性做出判断，即使自己是少数派，即使会因此变成孤身一人，他们也要向不公平和不道德的事情或行为发出反对的声音。他们不会选择附和大多数人，也不会只考虑明哲保身。即使面对权力比自己大的人，甚至面对威胁，他们也不会屈服。

情绪化的愤怒会使人与人之间产生距离。如果以愤怒的情绪压倒对方，那么对方可能因恐惧而停止行动。如果是在辩论的过程中表现得极为愤怒，对方无论是否真心同

---

1 选自《三木清全集》第十五卷。

意，都会选择沉默，接受愤怒一方的论点。一旦产生这样的心理距离，即使讲的道理再正确也无济于事。甚至你说得越正确，对方的抵触情绪越强烈。容易愤怒的人就是这样一步一步使自己变成孤家寡人的。

与此形成鲜明对比的是公愤，它具有将人团结起来的力量。面对不公，人人有责，有这种想法的从来不只是一个人。所谓"公愤"，就应该是联手发声。即使互相不认识，也会迅速变成盟友。大众的呼声有时甚至可能改变一个政府的决定，让这个社会变得更加美好。

将人生视为旅行

三木清说："视人生为旅行，这样的情绪也体现了人的离心性。"

一旦意识到自己站在虚无之上，往日的世界全部被颠覆，人就只能在未知的新世界中坚持下去。在这个全新的世界里，自己变成"异乡人"，这就是要将人生比喻为旅行的原因。当得知未来不可知时，人就好像被从舒适的环境里拽出来，扔到了狂风暴雨之中，站在未知世界的入口处不知所措。

　　然而，即使有再多的不安，我们也不能否认自己的内心有一点跃动。和日常上班或上学的两点一线不同，这种心态更像是出门旅行：有几分不安，也有几分期待。在《人生论笔记》中三木清认为："常言道，人生即旅行。无须引用松尾芭蕉《奥之细道》中的名句，任何人皆对此深有体会。我们对人生的感悟和对旅行的感悟，本来就有相通之处。"

　　最初，**我们懵懂地来到这个世界，在经历意外或挫折后，便开始转身走向外面的世界。**这就像从循规蹈矩的工作和学习生活中挣脱出来出门旅行一样，**一旦启程，我们就将告别起点。**

　　我们去上班或上学时，都必须尽快赶到目的地，即使出于工作原因去外地出差，也会尽可能当天往返，一般不会在工作的地方观光游玩。

　　然而，抵达目的地并非旅行的唯一目的。从离开家的那一刻起，旅行便已开始。**虽然我们会在确定好目的地之后出发，但即使最后无法抵达目的地，这段行程也不会因此就失去意义，因为抵达目的地前的种种经历也是旅行的**

一部分。

即便一时兴起中途下车，旅行也仍然是旅行。我们有可能比计划中旅行得更久，也有可能终止原计划提前返程。旅行本就是从容随性的，即便计划有变也无关紧要。

在旅途中，时间会流逝，但度过日夜的方式与以往截然不同。如果把人生视为旅途，那么我们就可以用一种崭新的价值观开始新生活。

"旅行不是出发，也不是抵达，旅行自始至终都是过程。只关注旅途的终点，而不能体味个中滋味的人，是无法懂得旅行真正的乐趣的。"

正是因为有沿途的风景，旅行才被称为旅行。只有品尝个中滋味，才能深谙旅行的意义。如此说来，我们本来就不应该寻求什么旅行的意义吧。

旅行的乐趣在于逃离日常生活环境，而选择与其他人不同、活得特立独行的生活方式也意味着风险。特别是父母，看到孩子想要脱离"常规"，通常会站出来反对。即使是反对者，也会忍不住在内心羡慕这种"解放乃至解脱的情绪"，而且他们深知自己现有的生活无法带来类似的雀跃。三木清认为，这种"解放乃至解脱的情绪"常常伴生出其他情绪。"旅行令人有漂泊感。"所谓漂泊，就是没有目的地。可能有人认为，所有人都要走向死亡，那么人生的目的地就是死亡，可是，我们生存并不是为了死亡。

古希腊圣贤说过，世界上最幸福的事情就是没有出生，排在第二位的是出生后尽早死去。柏拉图也说过："**对所有生物而言，他们从降生到这个世界开始就要经历苦难。**"的确，活着就要经历磨难，但能真正接受并内化这个事实的人并不多。

古希腊政治家梭伦说过："**人生就是要目睹不想目睹的现状，遭遇不想遭遇的经历。**"

吕底亚最后一位国王克洛伊索斯拥有难以计数的财富，他曾待梭伦如座上宾，并向梭伦提出问题："来自雅典的尊贵客人啊，您游历过无数地方，我们要仰仗您的智慧和才学，求您解惑。请问在您遇到的人中，谁是最幸福的一位？"

梭伦给出的回答中，提到了克列欧毕斯和比顿兄弟二人。为了参加赫拉女神的祭典，兄弟二人的母亲需要乘牛车到达神殿，但他们的牛当时还在田里耕作，两个青年人害怕赶不上时间，就把车轭架到自己的肩头，亲自拉着母亲乘坐的车赶到神殿。母亲恳请神祇赐予孝顺的儿子最好的馈赠。于是，在祭祀活动与宴会结束后，在神殿中休息的两兄弟再也没有醒来。

克洛伊索斯对这个回答感到非常失望。对孝顺的孩子而言，最好的馈赠怎么可以是英年早逝的结局呢？不要说是富甲一方的国君，就是普通老百姓也不会认同这个结果。的确，只要活在世上，就无法避免苦难，大家都希望尽可能避免这样的经历。即便如此，不经历苦难就等于幸福吗？

作家林京子经历过长崎的原子弹爆炸事件，她在自己的作品《长时间写成的人生记录》中表述得非常清晰："我的很多朋友在 14 岁时就离开了这个世界。她们没有经历过 17 岁的花季，没有被结实有力的臂膀环绕过，就那样匆匆离开了。我真的希望她们都能体会一次恋爱的美好，还有胸中的苦闷。"

人生的目的地并非死亡，没有人会为了尽快抵达死亡这个终点而匆匆赶路。这一点和旅行很相似，我们要思考如何感受人生的过程。

三木清在《人生论笔记》中写出了对此的感受："人

生到底去往何方？我们对此一无所知。人生，就是向着未知之地的一场漂泊。"所谓漂泊的情绪，就是不知道未来去往何处时难以描述的情感。如果在出发前知道所有的细节，那么我们恐怕就会失去旅行的乐趣。人生的终点是死亡，这一点毋庸置疑，但是死亡是何物，死亡何时到来，我们不得而知。

未知的事物并非只有死亡。在人生道路上会发生什么，发生的事情对自己有什么意义，这些都是未知的。因此，无论在出发前还是过程中，心有不安很正常。但是，这种不安是因为不知道会发生什么而产生的情绪，如果想要消除这种不安，那么我们只能臆想自己能够预知人生的每个节点。

未知引发的不安恰恰可以鞭策我们通过努力生活，改变自己的人生轨迹。三木清感慨："人生漫长，同时也过得匆忙。人生之路既远且近，死亡随时可能来敲门。正因如此，我们更不能放弃做梦的权利。"

为什么我们不应该在人生之旅中停止梦想呢？如果一个人可以预见未来，就不会编织梦想。如果人生只是在铺设好的轨道上前进，那么人也不会有梦想，因为既定的轨道就意味着常规的价值观，这样的价值观是唯一的衡量标准。这样的人生也许能规避巨大的失败，**只要和大多数人走同样的路，就不会出现困惑。**

但是，这样的人生并没有意义。安全不是绝对的，当遇到疾病、事故、灾难时，何谈安全。即使躲过了上述所有的问题，也没有一种预测可以精确到每一个节点。

曾经有个初中生和我交流过他对人生的规划。我发现他完全没有想过如果考不上理想的大学该怎么办，而且我很吃惊地发现他把结婚时间精准地定在了 25 岁。如果说考大学属于自己能力范围内的事情，那么结婚可就是两个人的事情了。首先要找到理想的伴侣，其次对方也要同意和你携手走入婚姻的殿堂。这种事情是如何预知的呢？

不知道未来，人就会产生不安，想要打消这种情绪，无非两种办法：知晓未来或认定自己能掌控一切。由此可见，能够感知不安的人，比自以为掌控了未来而不会感到不安的人更了解人生。

曾经有一位年轻人产生了轻生的念头，理由是无法忍受未来 40 年都要过同样的生活。可是，社会变化得如此之快，我们甚至无法预见一年后的生活，何谈 40 年一成不变。那些从名校毕业，顺利地进入大企业的人，也没有预料到企业会有突然破产的一天。

　　这位年轻人也未必对生活抱有极大的不满，可能仅仅是觉得有缺憾。因此，想到未来40年都是这样平平无奇的日子，他就会感到不安。一个人自以为能预知40年后的生活，恐怕是因为没有遭受过巨大的打击。一个人没有经历过挫折，不代表其未来也是如此。疾病、灾难、事故，哪一样不是人生的磨难？

　　人生的无常会让我们惴惴不安，同时也给予我们做梦的空间。如果将这种不安当作旅途中的漂泊感，那么即使我们感到不安，也不该是担心生活恒久不变的不安，而是不知未来会发生什么的不安。这样的人生值得走一遭。

凝视不安

　　克尔凯郭尔在《不安的概念》中说过，"不安是自由的眩晕""假设一个人望向深不见底的深渊，那个人一定会感受到头晕目眩"。究竟为什么会头晕目眩呢？他认为有两个因素：一是深渊；二是望向深渊的双眼。"如果他不去凝视深渊，就不会感到眩晕。"克尔凯郭尔又提出，虽然当人凝视深渊时，会因为担心坠落而感到眩晕，但是内心仍然被吸引着要接近深渊，并凝视其中。

克尔凯郭尔认为，对儿童而言，"不安是对冒险行为、无计可施的问题、谜一样的事物产生的向往，这种表现非常明显。""这种不安，可以说是儿童的本质。一个孩子是不可以没有这种不安情绪的。虽然这种情绪会让儿童不安，但是因此产生的甜蜜的小烦恼，也会令孩子心向往之。"

开启冒险行动的孩子们，纵使不安，也忍不住欣喜。成年人会认为，如果担心发生危险的事情，大可不必这样的冒险，但孩子们却对冒险乐此不疲。

纵身跳下深渊

体验蹦极的人之所以感到不安，是因为有选择"跳"或"不跳"的自由。

人生有时也会如临深渊，这时你不得不停住脚步。就像前文所说的，疾病和灾难的发生，就如同脚下的大地突

然裂开，让我们被迫站在深渊的边缘。和阿德勒的观点略
有不同，我认为不安应该成为自己面对困难的勇气。

**如果下定决心活出与众不同的人生，放弃千篇一律的
安稳生活，就要准备好面对意想不到的问题，甚至是面对
突然横在面前的深渊。**不过，虽然大家都以为千篇一律的
生活相对安稳，但**实际上也没有人能保证安稳的生活不会
发生翻天覆地的变化。**

有些孩子因为父母是教师，反而早早就下定决心绝对
不选择教师这个职业。他们目睹父母每日早出晚归、疲惫
不堪，才会做出这样的决定。如果身边没有亲人当教师，
孩子可能就不会知道崇高的职业背后有这么多的辛苦。

有的父母看到子女不想按照自己规定的方式生活就会
感到不安。当孩子提出要终止学业时，拥有高学历的父母
完全想象不出一个只读过初中的孩子以后该怎么生活，一
定会劝说孩子至少读完高中，理由是只有这样，人生才能
有保障。

但是，即使是成功的人生、实现财富自由的人生，也
不能说是完全有保障的。工作会遇到困难，身体会亮起红
灯，谁都可能面临突如其来的危机。即便顺利地过完大半

生，回首往昔，我们也会感到遗憾，后悔自己错过了美好，懊恼自己放弃了追求。

既然没有绝对的安稳，不妨选择一次人生的冒险。这里说的冒险，是指脱离一般价值观的生活方式。虽然选择这样的人生就意味着会走在深渊的边缘，但是我们只要勇敢地跨越就好了。这样想也许无法消除心中的不安，但是这种**不安是选择了自由人生的徽章，是不迎合他人、不走寻常路的证明**。

两手空空

我们会在生病和陷入困境时心生不安，是因为我们拥有着什么。因为拥有，所以担心失去。那么，舍弃拥有的一切就可以了吗？

继承苏格拉底衣钵的犬儒学派代表人物第欧根尼身无长物，生活在一个大木桶中，他喝水的工具也只有一个简单的碗。直到有一天，他看到孩子们用手捧起河水也可以喝到水，便扔掉了自己的碗，表示绝对不能输给孩子。这个故事最想传递的信息，**并非抛弃拥有的东西，而是放下**

对物品的执念换回自由。

当时，即位不久的亚历山大大帝刚刚统率大军攻下波斯，无数政治家和哲学家向他道贺，唯有第欧根尼没有任何表示，依然过着一无所有的日子。山不向我走来，我便向山走去。于是，马其顿王国国王亚历山大三世专程去见第欧根尼，就发生了亚历山大三世和第欧根尼之间的小故事。

那一天，第欧根尼正在晒太阳，见一群人簇拥着亚历山大三世走来。第欧根尼坐起身来，盯着国王。国王问他有什么需要，第欧根尼说："您能不能让开一点，别挡着我的阳光。"

20 岁出头的亚历山大大帝年轻气盛，他率领全副武装的战士突然出现，又居高临下地问这位 70 岁的老者有什么需要，其实并不礼貌。不过，亚历山大三世被第欧根尼的高自尊和伟大折服，说："如果我不是亚历山大大帝，我希望自己是第欧根尼。"

一个是拥有当时最广疆域的王者，一个是睡在木桶里身无长物的哲人，而权倾一时的亚历山大三世居然会发自内心地敬慕既无财产也无权力的老人，并表示自己也想成为他。也许，国王真的在那一刻产生了与第欧根尼交换身份的念头，但是他还是按照计划远征东方。最终，亚历山大三世再也没能踏上希腊的国土，年仅 34 岁就离开了他不断征服的世界。

每个人都期盼幸福，大多数人都相信要为此付出努力。对亚历山大三世而言，他需要做的就是面对敌人，勇敢地举起自己的刀。但是，第欧根尼告诉世人，**即使一无所有，也能获得幸福**。这应该属于非常特立独行的人生态度了。有些人也许认同第欧根尼的幸福观，只是没有勇气选择这种生活方式。

拥有挚友

有人用"不安"武装自己，惧怕敞开心扉。对于这样的人，阿德勒在《性格心理学》中认为："不安让人生变得痛苦，将自己与他人隔绝，而这些都会产生阻力，阻碍我们度过平静的生活，也会影响我们通过行动取得成果。"

所谓的将自己与他人隔绝，就是不和他人产生任何联系。但这样会变得怎样呢？诚然，人际关系是很多烦恼的源头。但是，**只有和他人建立联系，才有可能享受平静的人生，才有可能通过行动取得成果**。不论是和什么人，都很难做到不发生任何摩擦。通过杜绝人际关系自然可以避免摩擦，但同时也失去了活着的喜悦与幸福。**没有他人参与的人生很难说是圆满的。为了回避人际关系而制造出的不安，只会让人生变得痛苦。**

不过，建立人际关系并不意味着要和所有人都成为朋友。有人会炫耀自己好友众多，这个时代还有很多人以拥有很多自媒体粉丝而自豪。如此一来，有的人就会因为自己好友寥寥而感到不安。

阿德勒曾经指出，朋友不以数量为决定因素。高中时期，母亲因为我没有什么朋友而非常担忧，甚至去找过我的班主任。班主任的回答是："朋友不是必需的。"老师口中的朋友，应该是随时随地都要黏在一起的同学。这种含义的朋友即使再多，在关键时刻也未必有几个能为你挺身而出。英语中有一句谚语叫"A friend in need is a friend indeed"，即患难见真情。人生得一知己足矣。即便现在身边还没有这样的朋友，我们也无须迎合、取悦他人，自然会有人懂得欣赏真实的你。如果拥有这样的心态，人生就不会那么痛苦。

如果有凭一己之力无法解决的问题，就需要向朋友寻求帮助。依赖性强的人，即使自己能够做到，也向别人寻求帮助，这是有问题的。但如果不能解决而又不寻求帮助，那么问题就会变得难以解决。

借助他人消除不安

当人因生病而感到不安时，就需要将医生视为"伙伴"。阿德勒说过："**要消除个体的不安，唯有将自己和集体相连。当一个人意识到自己属于他人时，就能安心地生活下去。**"

"属于他人"，这个说法可能不太容易理解，其实这里指的就是"属于由他人构成的集体"。让自己有所归属，是个人的基本需求之一。因为集体的最小单位就是诸如"我"和"你"这样的个体，所以"属于他人"这个说法也并无不妥之处。

医生和患者的关系也比较类似，二者构成了集体。当患者感觉到自己属于集体时，就会觉得自己是在和医生携手努力治疗，会转化为面对生活的勇气，从而消除内心的不安。

不过，这绝不是勉强凑在一起的集体，患者不必随时担心会被排除在外。甚至有时这个集体未必真实存在。比如，这个世界上有很多不公平的事情，需要有人鼓足勇气为之发声。当有人站出来发声时，又会有更多的人站出来支持，并肩战斗。**一个人，如果能够感受到从属于某个集体，就不会担心自己被孤立，就能够减少不安的情绪。**

作为支持者，看到大家能够齐心协力，也就不会再以怀疑的眼光看待世界，不会担心自己付出努力却无法改变现状。

从他人那里获得希望

三木清曾在《未曾谈及的哲学》中说："我无法失去对未来的希望。"他说的不是"不会失去希望"，而是"无法失去希望"。为什么三木清能如此肯定？那是因为希望是由他人给予的（不是来自自己，而是来自他人），所以"我"才无法失去。在人格主义中，这是根本的逻辑。希望并非源于自身，而是源于他人。

即使感到孤立无援时，人也生活在与他人的联结中。平日里我们不会觉察到这些，但是在陷入困境时，我们就会发现总有人站出来支持自己。这时，我们的希望就是从他人那里获得的。

三木清认为："只要心中尚有希望，人就可以忍受任何苦难。"[1]

有人可能觉得这个观点过于乐观，但是很多人在身患重病时，都是依靠他人给予的希望才度过了最艰难的时刻。生病时，每个人都很难清楚地评估自己的价值。很多人在取得成就时会觉得自己有价值，而在生病卧床时又觉得自己毫无价值。当亲人和朋友在第一时间赶到患者的身边，为他的一点点康复进展而高兴时，患者才会发现自己原来对他人是有价值的，同时也感受到自己和他人之间的联系。

1　选自《心怀希望》，收录于《三木清全集》第十六卷。

活在当下

刚才我们提到，体会到与他人的联结是消除不安的有效方法。同时，我们在考虑疾病和死亡时，活在当下也是十分重要的。

"活在当下"这个观点，来自斯多葛哲学。马可·奥勒留在《沉思录》中言："无论你是能活三千年，还是三万年，都请记住，人所失去的，只是他此刻拥有的生活；人所拥有的，也只是他此刻正在失去的生活。"

人的寿命有多长并不重要，无论是刚出生的婴儿，还是长寿的老人，都只能活在"今天"。马可·奥勒留的观点是："最长的生命和最短的生命都是一样的。"每个人都只能活在当下。当下稍纵即逝，除此之外，过去已经逝去，未来不可预知。

人生活在变化的时空之中，如赫拉克利特所说的"人不可能两次踏进同一条河流"。这个世界上的万事万物都在变化之中，任何事情都不可能一成不变。过去已经消逝远去，并不存在于任何地方，而未来无人可以预知，因此无法确定。只有短暂易逝的当下，是我们可以把握的时刻。

　　无法看见前方的生活就像在黑暗中摸索前行一样，迈出的每一步都会伴随着不安，然而如果给当下打上一束强光，人生就会完全不同。虽然我们依然看不到未来，依然只能拥有现在，但不同的是我们自己选择了不去看未知的世界，而选择了过好当下。

　　这并不是刹那主义。阿德勒在《性格心理学》中说，如果失去了和现实的联结点，那么我们"就会忘记作为人类需要为他人贡献什么"。不能活在当下，其实也就意味着失去了和现实的联结点。

　　"贡献"意味着奉献，但是并不是要求我们做出什么特别的事情，生命本身就是一种贡献。从这个意义出发，我们生存的目标就是在接受的同时，不断给予和贡献。只要我们永远记住这个目标，就不会在未知的人生之旅中迷失自我。